· 超级思维训练营系列丛书 ·

不可思议的推断

BUKESIYI DE TUIDUAN

李宏 ◎ 编著

优雅之于体态 —— ☆ —— 判断之于智慧

中国出版集团　现代出版社

图书在版编目（CIP）数据

不可思议的推断／李宏编著. —北京:现代出版社

2012.12（2021.8 重印）

（超级思维训练营）

ISBN 978 - 7 - 5143 - 0992 - 8

Ⅰ. ①不… Ⅱ. ①李… Ⅲ. ①思维训练 - 青年读物②思维

训练 - 少年读物 Ⅳ. ①B80 - 49

中国版本图书馆 CIP 数据核字（2012）第 275753 号

作　　者	李　宏
责任编辑	刘春荣
出版发行	现代出版社
通讯地址	北京市安定门外安华里 504 号
邮政编码	100011
电　　话	010 - 64267325　64245264（传真）
网　　址	www. xdcbs. com
电子邮箱	xiandai@ cnpitc. com. cn
印　　刷	北京兴星伟业印刷有限公司
开　　本	700mm×1000mm　1/16
印　　张	10
版　　次	2012 年 12 月第 1 版　2021 年 8 月第 3 次印刷
书　　号	ISBN 978 - 7 - 5143 - 0992 - 8
定　　价	29.80 元

前　言

每个孩子的心中都有一座快乐的城堡，每座城堡都需要借助思维来筑造。一套包含多项思维内容的经典图书，无疑是送给孩子最特别的礼物。武装好自己的头脑，穿过一个个巧设的智力暗礁，跨越一个个障碍，在这场思维竞技中，胜利属于思维敏捷的人。

思维具有非凡的魔力，只要你学会运用它，你也可以像爱因斯坦一样聪明和有创造力。美国宇航局大门的铭石上写着一句话："只要你敢想，就能实现。"世界上绝大多数人都拥有一定的创新天赋，但许多人盲从于习惯，盲从于权威，不愿与众不同，不敢标新立异。从本质上来说，思维不是在获得知识和技能之上再单独培养的一种东西，而是与学生学习知识和技能的过程紧密联系并逐步提高的一种能力。古人曾经说过："授人以鱼，不如授人以渔。"如果每位教师在每一节课上都能把思维训练作为一个过程性的目标去追求，那么，当学生毕业若干年后，他们也许会忘掉曾经学过的某个概念或某个具体问题的解决方法，但是作为过程的思维教学却能使他们牢牢记住如何去思考问题，如何去解决问题。而且更重要的是，学生在解决问题能力上所获得的发展，能帮助他们通过调查，探索而重构出曾经学过的方法，甚至想出新的方法。

本丛书介绍的创造性思维与推理故事，以多种形式充分调动读者的思维活性，达到触类旁通、快乐学习的目的。本丛书的阅读对象是广大的中小学教师，兼顾家长和学生。为此，本书在篇章结构的安排上力求体现出科学性和系统性，同时采用一些引人入胜的标题，使读者一看到这样的题目就产生去读、去了解其中思维细节的欲望。在思维故事的讲述时，本丛书也尽量使用浅显、生动的语言，让读者体会到它的重要性、可操作性和实用性；以通俗的语言，生动的故事，为我们深度解读思维训练的细节。最后，衷心希望本丛书能让孩子们在知识的世界里快乐地翱翔，帮助他们健康快乐地成长！

目　录

第一章　思维的革命

不可思议的推断

第二章　开发逻辑思维能力

第三章　头脑转转转

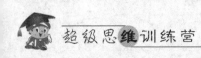

第四章　充满魅力的思维

不可思议的推断

第一章　思维的革命

对　决

三个著名的枪手 A、B、C 准备对决，他们将对决的地点选在了一个小镇上。三人对各自的实力很清楚，枪手 A10 发 8 中，枪手 B10 发 6 中，枪手 C 比前面两人都要弱一些，10 发 4 中。

要是 3 个人一起开枪，谁活下来的概率会大一些？

逻辑判断

活下来的人是枪手 C。假设 3 个人都想成为第一枪手，那么枪手 A 在第一时间肯定会把枪对准枪手 B，同样枪手 B 也会在第一时间把枪对准枪手 A，这样就等于忽略了枪手 C。倘若 A 和 B 中有一个人死掉了，那么下一个目标就会瞄准 C。但是在 A 和 B 相互瞄准的时间内，C 也不会浪费时间，他会在第一时间把枪对准 A。因为，B 的枪法终究比 A 要差一些，这意味着在下一轮对决开始时，C 的胜算才能大一些。于是，在一场混战之后，A 活下来可能只有一成，B 会有两成，但是 C 却有十成。所以，最后的赢家最有可能的是 C。

— 1 —

保证胜利

有 22 枚棋子,左边放 10 枚,右边放 12 枚。甲乙两个人依次取棋。游戏的规矩是,从左边一堆棋子或是右边一堆棋子中取出一枚或几枚,组成一堆;倘若从两堆中同时取,必须取一样多,并且,当一方从一堆中取棋子后,另一方必须从另一堆中取或同时从两堆中一起取。取得最后的一枚总数最多者为胜利。

该怎样取法才能获得胜局呢?

逻辑判断

首先,从右边的一堆棋子中开始取,第一次取 6 枚棋子,这样就变成右边一堆 6 枚,左边一堆 10 枚。以后,不管甲或是乙怎么样去取,下一轮的棋子无疑会在这些方案中:(7:4)大概(5:3)大概(2:1)。要是(2:1)这个方案,以是下一轮便是第一个取棋子的人赢。倘若是(7:4),当第二个人拿了之后,第一个留给对方组合可以是(5:3)或是(2:1)。倘若是(5:3),下一轮第一个拿棋子的人就可以直接给对方留下(2:1)。要是这样第一个拿棋子的人胜算更大。

蜘蛛网

纳罗森是一个抢劫犯,他特别狠毒也非常狡猾,曾经抢劫过中央银行,还杀死两个保安。莫尔警长花了 3 年的时间,才抓到他。他被判了终身监禁,关进监狱。

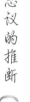

　　一天,中央银行又发生了抢劫案。根据现场痕迹来判断,发现作案的手法竟然和纳罗森的一模一样。此时,传来一个惊人的消息:纳罗森竟然在案发前越狱了,根据字据的线索,很可能纳罗森抢劫了银行!

　　莫尔警长想,他当年把纳罗森抓住,送进了监狱的,纳罗森绝不会就这么罢手,一定会来报复自己。因此,他写了很多海报,贴在邮箱上。海报用挑衅的语言,故意激怒纳罗森,约他这天上午 8:00,到 A 地和自己分出上下来。A 地是一个废弃的仓库,上次纳罗森就是在那个地方被他抓住的。

　　这天早上 8:00,莫尔警长来到 A 地,凭他的直觉纳罗森早在附近了,他拔出手枪,大胆地推开门,冲了进去。仓库里特别黑,脚下杂草丛生,里面传来了纳罗森的声音:"哈哈!你来了,我可不怕你。"他顺着声音搜寻着。但是,走到仓库里面,也没有看到纳罗森。仓库里有一个小阁

楼,是不是在上面呢?他靠近阁楼一看,上面全都是蜘蛛网,没有破坏的痕迹纳罗森不可能进去啊?

就在此时,莫尔警长突然想到,纳罗森就躲在阁楼上,而且正在暗处瞄准他!他赶快蹲下来,就在此时,砰的一声枪响,阁楼里射出来的一颗子弹擦过他的耳朵,纳罗森竟然真的在阁楼上!莫尔警长反手一枪将纳罗森打死了。

阁楼口分明布满了蜘蛛网,纳罗森是怎样进去的呢?

逻辑判断

狡猾的纳罗森抓了几只蜘蛛,在阁楼里放了这些蜘蛛,让它们织网迷惑莫尔。

取硬币

一堆硬币,共有 10 枚,两个玩游戏的人每次从中取走 1 枚、2 枚或 4 枚硬币。谁取最后的一枚,就算输。

小张和小王来玩这个游戏,两人都尽力地采取策略,让自己赢得胜利。这两人中肯定有一人得胜,一人会输。那么,赢的人是谁,谁又会输呢?

逻辑判断

不管是小张还是小王,当剩有 1 枚、4 枚、7 枚硬币时要取的人注定要输;当有 2 枚、3 枚、5 枚、6 枚、8 枚或 9 枚硬币时,要取的人则稳操胜券。

怎么样去分水

现在有一个盛有 900 毫升水的水壶和两个空杯子,一个杯子能盛 500 毫升,另一个可以盛 300 毫升。在不许有别的杯子,也不许在容器上做刻度记号的情况下,怎么样使两个杯子内的水都是 100 毫升呢?

逻辑判断

把两个杯子都倒满,将水壶里的水倒了。然后将 300 毫升杯子内的水全部倒回水壶,再把大杯子的水往小杯子里灌满,并把这 300 毫升的水倒回壶里。再把大杯子里剩下的 200 毫升水倒往小杯子,把壶里的水注满大杯子(500 毫升),于是,壶里只剩 100 毫升。再把大杯子的水注满小杯子(只能倒出 100 毫升),然后把小杯子里的水倒了,再从大杯子往小杯子倒 200 毫升,大杯子里剩下 100 毫升,再把小杯子里的水倒了,最终把水壶里剩的 100 毫升水倒入小杯子。此时,在每个杯子里都恰好有 100 毫升的水。

不可思议的推断

口 袋

拂晓,小镇里的街道上是寂静的,连一个人的踪影都没有。今天,是星期日,天阴冷的还下着雨,大人们不用上班了,小孩不用上学了,都裹在温暖的被子里,懒懒地睡大觉呢。

老警长海金斯开着警车,在大街上巡逻。密密的雨滴敲打着车窗,发出"啪啪"的响声。面前的视线变得很暗。警长把大灯打开了,缓缓地行

驶着。突然,前面10多米远的地方,有一个黑影从墙角窜出来,谁在那儿? 海金斯警长踩了一下油门,快速追了过去。

那黑影穿过一条马路,拐进了一个角落里。海金斯警长刹住车,打开车门一看,原来是一条野狗,真是一场虚惊啊! 他回到警车里,擦了擦脸上的雨水,自言自语地说:"哎呀,老了不中用了,该退休啦。"

海金斯警长正要开车回去,突然看见街上另有一个黑影。是不是看错了? 他跳下车一看,原来是一个老头! 上前诊断之后,发现老头已经殒命,后脑勺上还有一个口子,血流满地。还发现他的外衣口袋里,有一枚金币和一张纸币。此时,又有个人影一晃,原来是送奶工吉列。他弯腰一看老人,惊叫起来:"哎呀! 真的出事了!"警长问:"你为什么知道他会出事的?"

吉列说:"老头有一个坏毛病,喜好把金币放在口袋里,弄得丁当响,装作很有钱。我提示过他,这会招来歹徒抢劫的,刚才我看到他又在把口袋里的金币弄得丁当响……"

海金斯警长打断吉列的话说:"我怀疑你跟这起案件有关,请上警车吧!"

海金斯警长凭什么认为吉列杀害了老人呢?

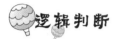

逻辑判断

老头的口袋里只有一个金币,怎么发出声音?

士兵们的奇招

12 个士兵和他们的一名班长认真把守着一座古堡,班长在城堡的四面分别派了 3 名流动哨,从城堡 4 个瞭望口可以观察到哨兵的执勤。每天,班长都从各个瞭望口观察士兵的巡逻情况,从每个瞭望口看去,他都看见有 3 个士兵来回巡逻。对士兵认真的态度,他特别满意。

但是好景不长,就有人对他说,士兵们每每在古堡外的树林里打猎。班长不信,特地来到瞭望口察看,结果看到每面都有 3 个士兵。人根本不缺啊? 怎么会有人去打猎了呢? 那么,士兵们到底是怎样做的呢?

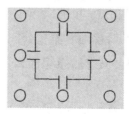

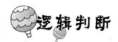

如图,空白圆圈用来表现士兵的位置,图上所示,只要 8 名流动哨,班

— 7 —

长就可以从瞭望口观察到城堡四周每边的 3 名流哨,由此看来,另外的 4 名士兵就可以去树林里打猎了。

水的苦与甜

宋代,汴梁城里有一条甜水的水巷,还有一条苦水的水巷。人们都喜欢吃甜水巷的水,所以甜水巷打扫的很干净。另一条苦水巷呢,人们只用它洗衣服,浇菜地。

在一个夜里,汴梁城中有一家民房忽然着火,风借火势,越烧越大,半边个天空都红了。

新官上任的开封知府包拯,听到消息,就立即带着手下到了着火现场,带领百姓一起救火。

城中的好多老百姓,拿来水桶和水盆,从四面八方跑来救火。人群中,有一个很瘦的人问大家:"用苦水还是甜水?"

"当然是苦水啊!"回答他是一个黑脸汉子。

来救火的百姓听了他俩的对话,都去苦水巷了。这可让苦水巷立马变得堵塞不堪,提水的人都进出不得。

包公见了心中一惊,赶紧把手下叫来跟前,下令道:

"快去告诉大家,苦水甜水一起挑!"

"都一块儿挑?"领头的疑惑地看着包公。

"快去传令!"说完,包公又忽然想起什么,低声说道:"把刚才对话的那两个人都给我抓回来。"

"抓他俩做什么?"领头的更疑惑了,

"还不快去!"包公生气地瞪着双眼。

领头的带了几个手下人去了,他们先传达了上头的命令,让百姓不分苦甜水一起挑。刹那间,水巷边就变得疏通很多,火势也迅速得到了控制。领头的又从百姓堆里找出了那两个对话的人，带到了包公跟前。

包拯大声喝问："大胆贼人，还不承认罪行？"

扑通一声，两个人跪在地上，拼命求饶。

接着审讯，两人承认火是他们放的。原来，包拯当上开封府尹，那一些地痞无赖不敢妄为，城里的治安大有改善。这两个人串通了几个地痞流氓，要让包拯瞧瞧颜色，好让皇帝动怒，罢包拯的官。那样一来，在城中他们又可以胡作非为了。可是，包青天名不虚传，慧眼识诡计，看破了他们的伎俩，并把它们绳之于法。

包青天是怎么看出两人是纵火犯的呢？

逻辑判断

包青天想啊，失火了不赶紧救火，还分什么苦水甜水？当然，问出这话的人虽有嫌疑却不能说明他是犯人，蠢人也有可能说出这样的话来。但是回答的人那么肯定地说要挑苦水，事情就很明显要制造混乱拥堵，以扩大事态及恶果！事实正是这样，人们都去苦水巷，进，进不去，出，又出不来，还怎么救火呢？所以，这是他们一个早已预谋设定好的陷阱。结果一审问，果然如此。

女老师

贝尼卡是一个女老师。她为人热情温和，别人有什么困难，她总是热情地去帮忙。在学校里，她深受学生和同事们的尊敬，年年都被评选为优秀。她有一个姐姐，比贝尼卡大5岁，但是贝尼卡的爸爸每每说："贝尼卡比她的姐姐更懂事！"

一天早上，上课的时间已到了，但是贝尼卡却没有到课堂里来。学生

们都觉得这很稀奇,这是从来没有过的呀!他们去找教务主任,教务主任打电话到她的家里,结果没人接。教务主任有些担心,赶到贝尼卡的家里,按了很长时间门铃,却没有人来开门。

教务主任感到有些不正常,只好打电话给警察局。哈里警长接到电话,几分钟后就赶到了。他观察了环境,靠近房门,看了看门上的"猫眼",那是一个探视孔,房间里的人,可以通过"猫眼"看到外面的人,但是外面的人却不能看到里边的人。

哈里警长又反复按了门铃,仍旧没有人开门,他叫来大楼管理人员,打开了房门,这才看到贝尼卡穿着睡衣,倒在血泊中,胸口插了一把刀。根据诊断,死亡的时间大约是在昨天晚上8点。大楼管理人员检查了记录,随即报告哈里警长:"昨天晚上,先后有两个人来找贝尼卡,一个是7点50分来的,是她的姐姐,另一个是8点10分来的,是她的女同事玛莎。二人都说,按门铃以后没有人开门,以为贝尼卡不在家,就回家了。"哈里警长思量了一下子,对身边的警察说:"来访的两个人中,有一个肯定是杀害贝尼卡的凶手! 而这个人便是她姐姐!"

哈里警长凭什么说她的姐姐就是凶手呢?

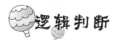

逻辑判断

凶手是她的姐姐,因为外人敲门她不会穿睡衣去开门,但要是自己的姐姐,才会穿着睡衣开门。

品尝地瓜的味道

在宋代,灵山村只剩下两户人家,一家姓李,一家姓王,他们和平共处,分着耕一块农田,过着和睦的日子。

忽然有一天,两户人家因为耕地产生了分歧。因为,这一年他们种的是同一品种——地瓜,所以,两家弄得分不清是谁家的。

"我记得,太阳正午的时候,树上的影子能给我们指出地界。"姓李的站在树影旁气呼呼地说。

"这我不清楚。但是,我知晓,上次我栽种的是玉米。这玉米茬子在我家地里才可能有。你起码能认出这是玉米茬子吧?"姓王的毫不客气地把玉米茬子扔到了老李脚下,阴阳怪气地反问道。

"这不足以当证据。看看,我也能在那边的耕地里找到烟茬儿。"老李一说完,几步走到那片地,蹲下来翻了几下就找到了烟茬儿。

"你不要忘记我们以前的情谊!"

"你也别坑害你的朋友!"

就这么一闹,老李老王两家矛盾越来越大,最后一起来到了衙门找清正廉明断案如神的包青天。

— 11 —

衙门里，包青天审讯这个案件，但是一问发现，两家人均拿不出关于地界的有力证据。怎么才能让这块土地分得正确呢？他想了一会儿，问道："你们以前怎么能够分清楚各自的地界？"

姓李的和姓王的几乎同时答道："我们以往从没种过一样的东西。"

"没种过一样的东西？"听了这话，包青天眼神一亮，问姓李的，"上一年你地里种的是什么？"

"我上一年种的是烟。"

包青天又转向老王问道："上一年你地里种的是什么？"

"种的是玉米。"

"哦，这就清楚了。"包青天立马让他们带路，说要在他们的地里判明地界。

姓李的和姓王的不明包大人是什么意思就跟着包大人来到了地里。包青天让人从地中央的五条垄里各挖出一个地瓜放在垄头，然后说："你们按照先后把这五个地瓜分别洗净尝一尝，然后你们就晓得了。我希望你们以后和以前一样，还要互相理解，友情为重！"

包青天说完，骑马回去了。姓李的和姓王的听了他的话这么一做，还真分出了地界，从此两家言归于好。

这到底是怎么回事呢？

逻辑判断

包青天按照种地的知识做了逻辑推理，得出了这样的结果：地里第一年种烟，第二年种地瓜，地瓜是苦的；地里第一年种玉米，第二年种地瓜，地瓜就是甜的。所以姓李的和姓王的尝完五垄地瓜，当然就分出了地界。

老裁缝之死

　　有一天早晨,警长哈里在大街上巡逻。他是一个老警察了,对这里的每条路、每户人家,都特别的熟悉。他慢慢走着,遇到熟人,就微笑着说一声:"早上好!"人们看到他,也都感想很亲切,觉得很有安全感。

　　哈里警长拐了个弯,前面有一幢正对大街的小楼,住着老裁缝戈里师傅。戈里师傅的技术相当高明,听说总统出国时穿的衣服都是他做的呢。哈里警长想,下个星期儿子要举行婚礼,我应该做一套黑色礼服,那就找戈里老师吧。

　　哈里警长正这样想着,突然,前面传来一声枪响。他一眼看去,只见

戈里师傅站在他家门前的台阶上，脸朝着家门，缓缓地倒下去。哈里急忙奔了去，老人的背上中了一枪，鲜血从伤口涌出来。戈里师傅喘息着睁开眼睛，嘴唇颤抖着，仿佛要说什么，却没有说出来，死了。

哈里警长放下老人，转身巡视四周，看到马路上有两个人，就大声下令："我是警察！你们都举起手给我走过来！"

两个人走了过来，哈里警长开始盘问。此中一个是年轻人，他说："我是个司机，刚上完夜班回家，听到枪声，扭头一看，有个老人倒了下来，其他的，我就什么也不知道了。"另一个是中年人，他说："我每天早上都要跑步锻炼，刚才恰好跑过这里，随意瞥了一眼对面，望见老人正要锁门，这时枪响了……"哈里拿出手铐，抓住中年人，说："你有杀害这个老人的嫌疑，跟我回警局吧！"

哈里警长为什么认为是中年人枪杀了老人？

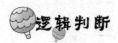 逻辑判断

老人脸朝门站着，其他人怎么知道他是开门还是锁门呢，只有一直盯着老人的人才有可能知道，于是中年人是嫌疑犯。

不知情的窝主

商父是一个以刚直不阿、善断奇案著称的县令。

一天，临城县县令商父派人逮住了一个叫黑风的盗贼，这个盗贼知晓自个儿性命难保，要在死前治一治商父，与其做一次智力对决。他于是，出了一个十分阴险的主意。

衙门里有个叫秦鬼的狱卒，此人非常贪婪暴虐。他每每收礼受贿，哪个犯人家属若不送礼给他，他就对哪个犯人拳脚相加。有一天，秦鬼来到

— 14 —

暴徒黑风的牢中,黑风急忙上前对秦鬼说道:"我活不了几天了。临走前要送你点东西,就怕你没胆量要。"

"什么东西?赶紧说!"秦鬼一听黑风要给东西,眼睛瞪得很大。

"这宝物不在我身上。会有人送到你那里。"

"是谁?你快点说!"

"别急嘛,事情是这样的,"黑风看了看周围没人,说道,"这宝物都在那一些大富豪家里,我前些日子要偷没偷成。你只要给我列出一个富家子弟的单子,我就能让他们给你送宝物来。"

秦鬼越听越懵懂,急着问道:"这能是真的?"

黑风看秦鬼那贪心不足的样子,内心直发笑,但脸上却装出不苟言笑的样子,说:"老爷再审问的时候,我就把名单上的富家子弟都供出来,说他们都替我窝藏过赃物。到那个时候,老爷把他们都抓了,过堂时,他们都不会认罪。这样,他们就会被关到这个监狱里,由你来监视。你就跟他们要,他们这一些富家子弟家里有的是钱,肯定会纷纷给你送礼,好让你照顾他们。"

太好了。秦鬼乐得活蹦乱跳的,开怀大笑。他立马列出了个名单,拿给黑风说:"事情办成了,不会少了你的好处,我还要自个儿买些好酒好肉来答谢你。"

"小弟该当效力,今后还指望哥哥多多照料。"黑风目送秦鬼离开,不由得乐出声来。

过了几天,商父开始审讯黑风盗案。商父看出,黑风并没有害怕,仿佛早就判到了本案的结局。商父看着黑风问道:

"你是哪里人?"

"流落江湖,四海为家。"

"叫什么名字?"

"没有名字,人称暴徒黑风。"

"犯了什么罪?"

"盗窃。"

"盗了多少财宝？"

"数不尽，查不清。"

"赃物都被你藏到什么地方了？"

"都藏在我的那一些窝主家里。"

"他们是谁？"

"李廷、刘功、王璐……"黑风像背口诀似的一下说出了七八个名字。

商父舒了口气，暗想，今日这个案子审得确实痛快。他命秦鬼把黑风带下去后，心头陡然飞过一丝疑问：这黑风是个有名的暴徒，怎么这么容易就说出了真相？此中肯定有诈。

怎么办呢？月光下，商父自个儿在庭院里思索着。最后，他想出了一个主意，立即叫来值班的探员，下令他们趁夜把黑风交代的那一些人全部抓来。

第二天早晨，探员们把那些"窝主"带到衙门，这时，商父也早早来到衙门里。商父并没有过堂这一些"窝主"，却让他们跪在大堂上等待。不一会儿，黑风也被带到了大堂上。商父指着这些"窝主"，只是询问了几句话，黑风就被迫说出了事情的始末。然后，商父就把那些"窝主"释放了，将秦鬼重打40大板，革去职务，又把黑风斩首示众。

商父是怎样迫使黑风说出真相的呢？

逻辑判断

商父对黑风说，"我按你给的名册单子，把这些'窝主'都抓来了。现在你来看看，这些人里有没有抓错的？"

"就是他们，一个也没错。"黑风看了一眼这一些"窝主"，就笃定地回答道。

"好，现在我来问你，"商父看着旁边跪着的一个人问道："他姓甚名谁？"

"他……"黑风瞪着眼说不出所以然来。

"我再问，"商父看着边上跪着的一个人问道："他是什么人？"

"他是……"黑风还是说不出来。

"好了，不要再装下去了。"商父大声喝道："那些名字被你背得滚瓜烂熟，却又不能把人和名字配对起来，岂不是一件不寻常的事吗？还不老实交代！"

黑风低下了他罪恶的头。他承认自己又失败了，被迫交代出事情的原形。

雨 夜

在一个暴风骤雨的夜晚，大地包围在昏暗的夜幕中。小镇上的人家都熄灯入了睡，只有几盏路灯，射出昏暗的灯光。此时，警察局里却灯火通明，高斯警长和几个警察正守在电话机旁值班。根据一往的经验说，越是这样的天气，就越会有案子。

果然，电话铃声响了。对方是一个男士，他仿佛受到了很大的惊吓，颤抖着声音说："警察……局吗？不……不好了，我在……小镇的河滨，发现了一具尸体……"高斯警长立刻带上两个警察，驾着警车冲进雨幕，往河滨疾驰而去。

在车灯的映照下，远远望见河滨有一个人的影子，高斯警长他们下了车，打亮手电筒，来到小河滨。这时候，他们看清了那个人。他是一个瘦高个儿，满身上下全都是水淋淋的，完全湿透了。他表情很苍白，很慌张的样子。高斯警长拍拍他的肩头，让他先稳定一下情绪，自己蹲下来验察遗体。没过多久，瘦高个的男子不那么焦急了，开始说："刚才我在河滨走，突然脚下一滑，跌进了河里，幸好我会游泳，游到岸边的时候，被什么

东西绊了一下,一看,居然是一具男尸!"一个警察问:"天这么暗,你看清是男尸吗?"瘦高个儿说:"可巧我口袋里装着火柴,我划亮了火柴一看,他的脖子上有两道刀伤,浑身都是血,已经死亡了。我特别害怕,就赶快跑到电话亭,给你们报案了。"

另一个警察仿佛想问什么,高斯警长却果断地说:"不用问了,他就是犯人,带他回警察局!"

高斯警长为什么会怀疑报案人就是凶手呢?

逻辑判断

报案人从河里游上来,衣服都湿透了,怎么能点火柴?是他自己杀了人,还要再假装报案,想蒙混过关。

家产巧分

宋真宗时,一天,有两个人气呼呼地来到了县衙打官司。知县见来人是位高权重的人的子孙,当然不敢怠慢,赶紧让到上面坐下,带着笑容问道:

"两位公子来到衙门有什么事儿?"

"让你来断个官司。"两个人都一脸怒气地说。

听他们说要断官司,知县十分得意。暗想,这可是个顺势爬上去的好机会啊!假如为他们出了气,传到圣上耳朵里,怎会没有我的好处?思量了一会儿,知县有意挺直了腰说道:

"是谁吃了豹子胆了,欺负到公子头上,看我……"

"不对,我是和他打官司!"二人立即异口同声地说。

"你们两个人打官司?"知县这下蒙了。

"就是如此。"两个人就把整件事情说了一遍。

事情是这样的,他们是兄弟两人,父亲在不久前抱病过世,留下了一笔产业。兄弟二人分割时,老大说老二分的产业多,老二说老大分的产业多,他们辩论不停,不肯让步,没法子了就来找知县让给讲评。

知县听到是这样一回事儿,刚才的得意劲儿全没了,哪还敢处理这个官司呢?他对兄弟两个说道:"如果是你们和小百姓打官司,不管怎样,我可以保证你们打赢。可这是你们皇亲家属之间的事儿,下官可就不敢妄自决断了。我看你们……"

兄弟二人看到知县处理不了这个官司,就又来到了州府。谁知州官也不敢处理。于是,他们又找到了开封府、御史台,但也都不敢干涉。末了,他们只能找到真宗皇帝决断。

真宗听了兄弟二人的所说之后,感到也很难处理,就奉劝道:"同根兄弟应友好相处,怎能为了一点产业就反目成仇呢?我看你们还是都忍让一点就好"。

"不行,不行!"兄弟二人连皇帝的奉劝也听不进去,依然要争个黑白高下。怎么办呢?忽然,真宗想起了宰相张齐贤,就召他进宫。张齐贤是个很有办法的人,曾为真宗处理过好多棘手的事情。当他来到宫里,听真宗把事情一讲,就松了口气说:"此乃一件小事,分割不均,兄弟争产业,好处理。万岁爷,不出三天,我定让他们都欢欢喜喜,地来见您。"

真宗听了张齐贤的话,摇了摇头,不信地说:"这官司不大,处理得公正也并不难,可假如都欢欢喜喜,怕也是不好办到的。你想,多一点给老二,老二是欢喜了,可老大肯定生气;反之,老大欢喜了,老二又要生气。所以,难办哪!"

"万岁爷,您要不相信,待我处理完,您再亲自问他们满意不满意。"说完,张齐贤带着兄弟二人退出皇宫,来到了宰相府。

张齐贤让兄弟二人分开坐定后,问道:"据我所知,你们二人都认为对方分得的产业比自己的多,所以要打官司,是不是?"

"正是这样,他确实比我的多。"兄弟二人几乎同时应道。

"千真万确吗?"

"千真万确!"

"那好,我按你们说的断了,可谁也不许反悔啊?"

"决不反悔!"

张齐贤命人拿来纸墨,又非常认真地对兄弟二人说:"如果你们不反悔的话,我肯定能断得公正,请你们签名画押吧!"

这样,哥哥在一张纸上写:"弟弟的产业比我的多!"然后,在下面签上了自己的名字。弟弟也在另一张纸上写:"哥哥的产业比我多!"还是在下面签上名字。

然后,张齐贤一只手举着一张纸说道:"你们都把本身的意见和要求写在这上面了,现在该做断绝了……"

听了张齐贤的处理之后，两个人私下默不作声。第二天，张齐贤又把兄弟二人带到真宗面前。真宗一问，两个人果然都说"满意"。

张齐贤是怎样断决的呢？

逻辑判断

张齐贤断决说："你们兄弟二人都认为对方比自己的产业多，也就是说，只要能得到对方那份产业也就满意了。所以，为了让你们皆大欢乐，请你们互相交换全部产业。"

录音机是谁放的

希耳公司研究开发出一套新的软件，将要运用在空军的战斗机上。这是国家一级保密的项目，他国的情报机构不惜重金，要收买公司的人员，偷取软件的情报。这天下午 1 时，在公司的会议室里，举行了新软件的论证会。

会议是在绝对保密的环境下召开的，会议开到一半时，有个工程师不慎把笔掉到地上了，他俯下身子去拾，却看到桌子底下有个罕见的小盒子，他拿起来一看，居然是用来窃听的微型录音机！

总工程师马上宣布会议暂停，并向警方报了案。摩恩探长立刻赶到现场，他先查验了录音机，录音带上开始没有声音，2 分钟以后，听到轻微的关门声，又过了 10 分钟，听到许多人进来的脚步声和语言声。摩恩探长判断，放置录音机的时间，约摸是在 12 时 45 分。根据记录，当时进入会议室的一共有两个人。探长和经理分别找他们询问。

第一个是女秘书，她说："我 12 时 40 分进会议室，把文件放在桌子上，就立刻离开了。"经理看了看她的脚，问："公司规定上班应该穿平跟

鞋,你为什么穿高跟鞋?"女秘书红着脸说:"今儿个起床晚了……赶着上班,就穿错了。"

接着进来的是男清洁工,他说:"我进聚会会议室擦了桌子,就出来了。"探长还没有问话,经理指着他脚上的网球鞋,生气地说道:"你怎么也违反规定不穿平底鞋?"清洁工支支吾吾地说:"我……中午去打网球,忘了换鞋了……"询问完了,摩恩探长报告经理:"我知道微型录音机是谁放的了。"

你认为谁是放录音机的案犯呢?

逻辑判断

是清洁工,他穿的是网球鞋,录音机上不会留下脚步声,但是秘书穿的是高跟鞋会留下声音。

小女孩篮子里的盐

武行得将军守卫大都市洛阳的时候,颁布了盐法,禁止走私食盐,假如有人如果能够逮捕到走私食盐的人,国家还有很大的赏赐。奇怪的是,盐法颁布后,走私食盐的人没有减少反而增加,经常有人因为逮捕到走私食盐的而得到奖赏。事实上,有很大一部分人是被另有一番心思的人有意嫁祸的。

一天,南水村的小姑娘凤妹子背着一小篮子青菜去城里卖。她一边走,一边哼着动人的山歌。

"山青青,水生生,

野花阵阵好闻的……"

"唱得太好听了! 小妹妹,你姓甚名谁啊?"一个女子的声音从后面传来。凤妹子回头一看,是一个年少的出家人,凤妹子不好意思地低下了头。

"去城里卖菜吧? 来,我帮助你提篮子,这样能轻快一些,反正我也是顺道。"尼姑不容分说,动手帮助凤妹子解下了菜篮子。

凤妹子不好意思劳烦她,着急说:"不用了,我自个儿能背动,您还是先走吧!"

尼姑笑了笑,弯腰抓住了篮子的把:"走吧,客气什么!"

凤妹子一看人家那样热心,感觉不能再去推却,只得抬起菜篮子。

两个人一路上开心得意,不知不觉间下来到城门跟前。

尼姑放下菜篮子,对凤妹子说:"我得先走一步了,有人在城里等着我。"

尼姑走进了城门,凤妹子也背着菜篮子要进城去。

"站住,孩子,过来进行查看查看。"一个满脸大胡子的守城人喝住了

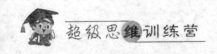

凤妹子。

凤妹子心想,我这篮子里都是青菜,随你们查看吧。她放下菜篮子,等待大胡子查看。

大胡子伸手在菜篮子里翻了几下,就拎出一个用小布包着的小包来:"这是什么?你小小年龄竟敢走私食盐,跟我到衙门去吧!"

凤妹子一看布包,不禁大吃一惊:"这不是我的!"

大胡子把眼珠子一瞪,狠狠地说:"不是你的怎么会跑到你的菜篮子里呢?"

"肯定是……"

"别说话,跟我走吧!"

大胡子把凤妹子带到了衙门。武行德审讯了此案。他把手帕包打开,发现包里有两斤多食盐。他刚要问话,忽然飞过来一阵很好闻的味道。他用鼻子嗅了嗅,发现是从盐包里飞出来的,难道这盐是好闻的?他好奇地又嗅了嗅,这才发现包盐的原来是块好闻的手帕。他看看好闻的手帕,又看看凤妹子,心中立马疑惑开来,思量了一会,他忽然晓得,着急问凤妹子:"你是自个儿从家里来的吗?"

"对啊。"

"路上没看见什么人吗?"

"路上? 对了,路上遇见了一个尼姑。"

"那个尼姑生得什么样子?"

于是,凤妹子把尼姑的长相特别仔细地陈述了一遍。

听了凤妹子的讲述,武行德心里晓得了,这肯定是仙女寺的尼姑和守城人互相勾搭设下的陷阱,以图得到奖赏。就喊了声:"来人,跟她去仙女寺和城门口,把那两个坏人给我抓来!"

当天,凤妹子就带人去把尼姑和大胡子抓到了衙门。经过审问,尼姑和大胡子把如何陷害凤妹子,要得到重赏的经过交代了。

从此,那些想有意嫁祸别人、以图得到奖赏的人,再也不敢进行敲诈了。

武行德是怎么不经过审问就确定了这是一起有意嫁祸案的呢?

因为从衣服的穿着上看,凤妹妹是穷苦农民的孩子,不可能有好闻的手帕。只有仙女寺尼姑的手帕才有这样薰香的味儿。一问凤妹子,在道上真的遇见了一个尼姑,就由此破了案。

南美象

非洲撒哈拉沙漠,是非常著名的沙漠探险地。为了征服它,无数的勇士来到这里,进行探险活动。

这天,负责援助的当地黑人警察布鲁姆和他的助手正在沙漠一处危险地带开车巡视,突然,他望见沙漠中躺着两个人,布鲁姆立刻停下车,来到了两个躺着的人跟前。他用手一摸,察觉到两个人已经死亡好久了。两个人的背上都挨了数刀。

布鲁姆马上开始勘察遗体,在两个人的衣服里,布鲁姆查明了这两具遗体的身份:都是美国人,住在纽约,是美国一家沙漠探险俱乐部的会员。

布鲁姆让助手接着整理现场,然后,他便将这两具遗体的资料传到了总部。总部马上利用国际电报,报告给了美国纽约警察局。

纽约警察局对这起案件特别重视,马上组建了专案组,由汉斯担当组长。

通过观察,汉斯认为死者之一的麦劳斯的侄子约翰有很大的嫌疑。因此,汉斯便驱车来到了约翰的住所。约翰很热情地欢迎了汉斯。他把汉斯让进屋里,然后问道:"尊敬的汉斯先生,你找我有什么事吗?"

"是的,我想问你一件事,你叔叔最近去了哪里?"

"他去非洲探险了。"约翰回道。

"我听说你也去了非洲,是陪你叔叔一起去的。"汉斯问道。

"不,我没有去非洲。原来我是计划去的,就在我要陪叔叔去非洲的时候,我的几个好旅游的朋友硬要我陪他们一同去南美洲,这样我放弃了非洲,而去了南美洲。"

说到这儿,约翰从柜子里拿出了一张照片,又接着说道:"你看,这是我在南美洲与大象照的合影!"

"好了。约翰我看你跟你叔叔的死有关。"接着,汉斯指着照片上的大象说了一番话,约翰不得不低下了头,并交代了叔叔便是他杀死的过程。

汉斯为什么讲了一番大象的知识,约翰就交代了犯罪事实呢?

南美洲没有大象。

鸟王自杀案

元代时,大江南边有个小镇,叫灵鸟镇,那里的人们以养鸟为生,他们驯养小鸟,卖到全国各个地方,小镇为此出了大名。

灵鸟镇上,有一个老头子,他膝下无子,然而把小鸟当作自个儿的子女一样,宁愿自个儿少吃少用,也要购买最好的食物,精心喂养小鸟。他的家房子里,屋梁上挂着鸟笼,窗台上、床头边全部都是鸟。好玩儿的是,小鸟叽喳叽喳叫的时候,他能听懂小鸟在说些什么。他培养出来的小鸟,都是最棒的,人们都把老头子叫作"鸟王"。

每天大清早天刚刚蒙蒙亮,鸟王就要出去遛鸟,也就是陪小鸟去"散步"。有一天清早,人们发现遛鸟的都时间过了很久,鸟王都没有出来。鸟王的朋友林大海说:"是不是鸟王病了? 他膝下无子的,我上他家里去看看他。"

林大海来到鸟王家门口,敲门敲了好久,里面没有回答,只听见叽喳叽喳的鸟叫声。他感到有些不对劲儿,用力把门撞开,看到鸟王躺在床上,已经去世了。屋子里的小鸟,有很多也已经饿死了。

管事的来到现场,发现鸟王的枕头边,有一份遗书,上面写着:"我年龄大了,没有子女给我养老,只好选择了自杀。"那管事是个糊涂蛋,他凭着这份遗书,就非常肯定地说:"案情已经很清楚了,鸟王是自杀的。"

林大海悲痛欲绝地看着鸟王,又可怜地看着饿死的小鸟,肯定地说:"这不可能,根据我对鸟王的了解,鸟王绝对不可能自杀,肯定是有人害

死了鸟王,伪造了遗书,造成自杀的样子!"

林大海根据什么,肯定鸟王不是自杀的呢?

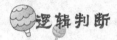

逻辑判断

因为鸟王特别喜欢鸟,假如鸟王要自杀,肯定会先把心爱的小鸟放走,或者送到别人手里,决不会置小鸟死活于不顾,而自个儿先自杀。这不符合鸟王的秉性。

赵夫人

明代时,广东揭阳县治下发生了一起杀人案。县官朱一明盘问了前来报案的两男一女,其中一个生得比较帅气的青年男子第一个开口说道:

"小人姓周名义,以卖布为生。三天前,我与朋友赵信商量去外地购买布匹,订了艄公张潮的船,约定好第二天早上在船上会面,可是那天早上,我来到船上等了半天,就是不见赵信出现。我着急让张潮去叫他。张潮去赵家,谁知赵信大清早就离家出走,不知道去哪里了。我们怕出事故,就在附近找寻了三天,但到现在不见人影。"

周义刚说完,另一男子接着说道:"小人叫张潮,是个摆渡人,依靠摆渡为生。三天前,赵信和周义来雇我的船,说是第二天要去外地购买布,第二天一早,周义来到船上不见赵信,就让我去寻找他。我在赵家门口连叫三声赵夫人,赵夫人才慢腾腾地开了门。她对我说,赵信天没完全亮就走了。"

朱一明听完了两个男人的陈述,又看了看那个女子一眼,发问道:"你可是赵信的夫人?"

赵夫人低声回答道:"是。那日清晨,我家夫君带了五百两银子就急忙忙走出了家门。等到张潮来找寻他时,我才得知他去向不明。我们接连找了三天,都毫无踪影。想来夫君是遭人陷害了,盼望大人替小妇人做主。"说完,她抹去了脸颊的泪珠。

朱一明暗暗思考着:赵信这么老,不可能讨得比他年少好多的赵氏的欢心,周义英俊潇洒,倜傥风流,怎么能不去寻花问柳,爱慕佳人?肯定是周义与赵氏有了奸情,一起联手杀害了赵信。于是,朱一明令差役对周义和赵氏用了大刑。周赵二人受不得大刑,只得招供,被投入死牢等候行刑。

巧的是,这时朝廷大臣张居正巡视来到了揭阳县。他阅了案卷,感到此案有问题,决定亲自重审案犯。公堂之上,周义口喊冤枉,说自个儿是清清白白的布商,从未有过犯错的行为,更不敢夺妻杀人;赵氏也连声大喊冤枉,恳望青天大人查明事实真相,逮捕真凶为夫君报仇。张居正看他们的样子不像有假,就又差人叫来摆渡人张潮。

"张潮,你把那发生的经过再仔仔细细说一遍。要如实讲来!"张居正逼视着张潮。

"是,大人。"张潮并没有被吓住,又把那天讲给朱一明的话对张居正讲了一遍。

张居正听完嘿嘿冷笑道:"好你个大胆贼人,还不从实招来!"

张潮立马心中慌乱,语无伦次,只得坦白了杀人夺财的全部过程。原来,那大清早上,赵信揣着五百两银子先周义来到了船上。张潮见财顿起杀人之意,趁赵信没有防备,用石头将他砸死,夺了银两找地方藏好,随后又把尸首绑上重重的石头沉入了河底。周义来后,他谎说没有见过赵信,还假装上门寻找赵信。他自认为没有尸体,就可以免罪了。谁知晓张居正断案如神,发现了错漏。

张居正发现了什么错漏,指明张潮就是杀人犯的呢?

不可思议的推断

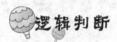

逻辑判断

原因是,周义是让张潮去叫赵信,而张潮来到赵家敲门时却直接叫"赵夫人"。张居正判断,这个时候,张潮肯定已经知晓赵信被人杀害了,不然,他是不会不叫赵信开门的,因为不符合常理。

吃 梨

妈妈买了许多水果,其中有 12 个苹果、1 个梨子。然后妈妈把这 13 个水果围成一圈,并对明明说:"我允许你吃这些水果,但是有一个规矩,

那便是你必须按着一个方向每数到13，就把这个水果吃了，然后再接着数，再数到12，并把它吃了，依此类推。但是你只能在最后的一个吃梨子。你能做到吗？"倘若你是明明，想吃这些水果，你应该从哪个水果开始数起呢？

逻辑判断

从梨子开始，顺时针数的第七个苹果，从它开始数起，你就可以最后一个吃梨子了。

方法：在纸上画12个点，1个圆圈，使其围成一个圆形。然后从圆圈开始数起，顺时针，每数到13就把那个点（或圆圈）划了去，然后重新数。直至只剩下一个点（或圆圈）。那么我们就可以把剩下这个点的位置确定为梨子的位置，而画圆圈的那个位置，便是我们一开始要数的那个位置了。

隐藏在苹果派里的秘密

伽罗瓦是法国数学家，在数学这个领域的成就很高，他对函数论、方程式论和数论都做出过异常重要的贡献。可能正因为伽罗瓦痴狂于数学研究，才在第一时间内帮助警察找到了害死朋友的犯人。

有一天，伽罗瓦的一位老友鲁柏忽然被人刺死在家，家里的钱财也被抢劫一空。警方正在进行审查但迟迟找不到头绪。他听闻后，立马赶到鲁柏所住的公寓。这一所公寓有一个兢兢业业的女管理员。她告诉伽罗瓦，警察勘察案发现场之时，发现鲁柏手里紧紧抓着一块完整的苹果派，不知道是为了什么。女管理员居然还说，杀人犯可能还在这所公寓里面，因为出事前后她一直在这里值班，没看见有外人进过公寓。但是这座公

不可思议的推断

寓里有 4 层楼,每层都有 15 个房间,也就是说住着 100 多人。

伽罗瓦听了这女管理员的这一些话后,就一个人从公寓一层走到四层,他一边走,一边看着每一间屋子的大门,与此同时脑子里一直在思考着刚才女管理员说的话。当就在他刚走到第 314 号房间的时候,伽罗瓦忽然停下来,他想起了女管理员说朋友鲁柏死去时手里紧紧捏着的那个苹果派。这个派可能就是在跟自己暗示着什么。伽罗瓦看着眼前门上的门牌号"314",忽然觉得,朋友是在暗示杀死他的凶手是住在这个 314 房间里的人,因为"派"的读音和数学符号"π"一样,而"π"的前 3 位正是 314 这 3 个数字。

伽罗瓦赶紧找来女管理员问:"住在这个房间的主人是什么人?"

"是个喜欢吃喝嫖赌的人,昨天已经搬走了。"女管理员回答道。

伽罗瓦立即把这一重要线索告诉了警方,终于将凶手捉拿归案。

逻辑判断

任何事物之间都会有一定的联系,有些时候找到这一些细微的联系也就找到了事情的真相。

自助餐

两位女士和两位男士走进一家自助餐厅,分别从机器上取下一张如下图所示的标价单:

50,95

45,90

40,85

35,80

30,75

25,70

20,65

15,60

10,55

（1）4个人要的是一样的食品，于是他们的标价单被圈出了一样的款额（以美分为单位）。

（2）每人都只带有4枚硬币。

（3）两位女士所带的硬币枚数是一样的，但相互间没有一枚硬币面值是一样的；两位男士所带的硬币数是一样的，但他们也没有一枚硬币面值一样。

(4)每个人都能根据各自标价单上圈出的款额付款,不用找零。

在每张标价单中圈出的是哪一个数目?

注:"硬币"分为 1 美分、5 美分、10 美分、25 美分、50 美分或 1 美元(合 100 美分)。

提示:设法找出全部这样的两组硬币(硬币组对):每组 4 枚,总价一样,但相互间没有一枚硬币面值一样。然后从这些组对中鉴定能付清账目而不用找零的款额。

逻辑判断

运用(2)和(3),通过重复的试验,可以看到,只有 4 对硬币组能满足这样的要求:一对中的两组硬币各为 4 枚,总价等同,但相互间没有一枚硬币面值一样。各对中每组硬币的总代价分别为:40 美分、80 美分、125 美分和 130 美分。

具体是这样(S 代表 1 美元,H 代表 50 美分,Q 代表 25 美分,D 代表 10 美分,N 代表 5 美分的硬币):

DDDD DDDH QQQH DDDS

QNNN QNQQ NDDS QNHH

运用(1)和(4),不难看出,只有 30 美分和 100 美分能够分别从两对硬币组中付出而不用找零。但是,在标价单中没有 100。于是,圈出的款额必定是 30。

爱情的产物——打字机

邵尔斯的夫人在一家公司当秘书,但是因为工作任务很重,她经常把工作带回家,连夜加班赶稿。邵尔斯看着自己辛苦的夫人,当然不能放着不管,就经常帮着夫人抄写赶稿,两人经常为此忙到深夜。那个时候市面上还没有发明出打字机这种东西,他们只能用手书写,夫人的双手经常会因此累得酸疼不已。因此邵尔斯就在思考,难道没有一种机器能代替人的手工写作吗?

邵尔斯开始跟相关人士求学,但是人们都告诉他这个东西不太可能做出来。有个人甚至研究了十几年都没能做成功,最后只好放弃。可是心疼老婆的邵尔斯却不甘心放弃,他把那人放弃的写字机模型搬回了家,仔细地去琢磨研究,开始了一场持久又困难的研究。

邵尔斯在一开始的时候的想法是:字键与字印之间的距离不宜太远,当然最好的是字键在上面,字印在下面,一按就能够打出字来,如同盖印章一样简单方便,又能缩小机身的体积。但是研究来研究去,在试验中却不行。其中的原因就是,字键在上、字印在下的设计体系结构,字臂不能太长,不然,就像树根一样盘在了下面,既复杂又不好用;可是假如字臂太短,又不够灵巧。这个时候,邵尔斯陷入了困境。

一天夜里,邵尔斯想去放松休息一下疲惫的大脑神经,到院子里散散步,一抬头,猛然看到心爱的夫人弯着身体写字的侧影非常漂亮,这个时候,一种灵感忽然在他脑海中闪烁,这不正是他思索半天的字臂模型吗?假如把夫人的头当作字键,弯曲的臂膀当作字臂,太美妙了! 邵尔斯高兴得跳了起来,他立即按照这个思想去改进了打字机的构造,经过四年的努力,最终在 1867 年他发明出世界上第一台打字机。当然这是他献给夫人的最好的礼物。

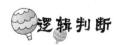

逻辑判断

你的爱会变成你的动力,也会是灵感的源泉。

花瓶碎片理论

有一天,声名赫赫的丹麦物理学家雅各布·博尔,在自个儿的房间里翻阅资料。结果一不小心打碎了身旁的一个花瓶,由于着急找资料,他就没管这一些花瓶碎片,之后才想起碎片没有清理。

雅各布找来扫把簸箕准备将碎片收拾了。可看着一地花瓶的碎片他忽然产生了一个思考,他把这一些碎片细心地收集起来,并把这一些碎片按大小分别称出它们的重量。结果发现:10~100克的最少;1~10克的有点多;0.1~1克和0.1克以下的最多。而且他还发现,这一些碎片的重量之间,存在着一种很好玩的倍数联系,即比较大块的重量是其次大块的重量的16倍,次大块的重量是比之小块重量的16倍,小块的重量又是小碎片重量的16倍……雅各布欢喜地把这个理论加以计算总结,终于得出了"花瓶碎片理论"。正是因为这个理论,给考古学和天体研究带来了意外的效率,而且,它还可以用来帮助人们恢复文物、陨石等不知其原貌的物体。

逻辑判断

当我们打破成规重新组合思路的时候,收获将是意想不到的。

平分法兰克福香肠

我从一位德国人那里知道了这么一个经济上的趣题:哈尔勒姆的3个男孩在上学的路上迷路了,他们努力想找到学校的方位,但是到了午餐的时间,他们还在兔子岛转悠。此时,哈里有 4 根法兰克福香肠,托米有 7 根。为了购买一份香肠,吉米拿出了 11 分钱,分给哈里和托米。于是,三人的付出就一样了。对贩子来说这都算是一道难题,对这些学生来说,两人分 11 分钱和 3 人分 11 根香肠更让他们为难了。哈里和托米怎么分 11 分钱呢?你要是知道怎么解决这个问题,那你也就知道了法兰克福香肠的价格了。

 逻辑判断

只要记住,倘若吉米付出了 11 分钱,那么另两个人也应该付出这么多,11 根香肠的总价就为 33 分钱。哈里有 4 根香肠,值 12 分钱,那么他可以分到 10 分钱,这样相当于每人为这顿午餐付出了 11 分钱。在最后 3 人也可以平分 11 根香肠。

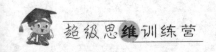

葡萄酒不为人知的保鲜能力

法国的生物学家、化学家巴斯德发现,葡萄酒在储藏过程中因有细菌起作用而变酸,那么怎么样才能既消灭细菌,又不影响葡萄酒的味道,就变成一个非常异常困难的问题。巴斯德用过了好几种方法,都没有得到理想的效果。

这一年冬天的某个周末,巴斯德请了几位朋友来家中做客,因为天气寒冷,巴斯德出于对朋友的健康着想,就将大家都十分喜欢的葡萄酒倒在铜壶里,放在炉子上稍微加热以后才让朋友饮用。这一次,热情的巴斯德温了许多葡萄酒,朋友们开怀畅饮,但没有喝完。朋友们离去了,他将酒倒回储藏罐之后就渐渐忘了这件事。

第二年夏天,巴斯德收拾屋子的时候,突然想起去年和朋友一起喝的这一些剩酒,他心想肯定早就变质了。可当他打开罐的时候,竟惊讶地发现,这一些酒没有变质!这时他脑中闪过一个念头,这就是保鲜后的葡萄酒。这其中我做了什么才没让它们变质呢?巴斯德建立了葡萄酒保鲜研究所,终于发现,假如将葡萄酒加热到55℃左右,就能消灭细菌,又能保持美味。此后,他又对不同种类、不同度数的加热程度进行试验研究,确定更加精确的加热温度,从而达到保鲜的效果。保鲜技术的发现,不只挽救了葡萄酒业,也给一些饮料行业带来了勃勃的生机。

逻辑判断

凭着直觉去发现"原因",自然能得到满意的答案。

第二章　开发逻辑思维能力

吉普车的油箱

西拉蒙是一名特工,某天,他得到一个消息:半夜里 1 时左右,S 国的情报官将要驾驶一辆吉普车,带着一份秘密文件,经过 5 号盘山公路。西拉蒙马上决定,在公路上堵截住情报官,抢走这份文件。

夜深了,公路上几乎没有车辆来往。西拉蒙坐在一辆卡车里,关了车灯,潜伏在路边。他看了看夜光手表,已经半夜 1 时了。此时,远处传来汽车马达声,随后,灯光越来越近,他看明白了,还是那辆吉普车。他马上打开车灯,发动马达,筹划去拦截。谁知道,此时的吉普车突突突叫了几声,停下来了,情报官跳下车,骂了一句:"见鬼了,忘了加油!"

真是天赐良机! 西拉蒙一踩油门,卡车冲了上去,又吱的一声,在吉普车右侧停住了。西拉蒙跳下车,拔枪对准情报官。那情报官拿了文件包撒腿就逃,但是他怎么逃得过子弹呢? 西拉蒙砰砰两枪,把情报官打死了。他打开文件包,拿走了秘密文件,然后把遗体和文件包放进吉普车,又拿出事先准备好的汽油瓶,扔进驾驶室。然后,他把吉普车推下悬崖,轰的一声,山谷下面燃起了熊熊大火。

第二天早上,电视新闻里报道:"5 号公路发生车祸,一辆吉普车翻下

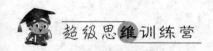

悬崖,车和驾驶员被烧焦……"西拉蒙暗自地笑了。但是他听到电视里又在说:"警方根据勘查,认为这是一起谋杀案……"西拉蒙吓出了一身冷汗。他不明白,警方从哪里找到漏洞了呢?

警方是怎么知道这起车祸是一个大诡计呢?

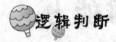逻辑判断

吉普车上的油箱指数为零,说明摔下悬崖之前车就停了。

算术题

国际数学家大会就要召开了,数学家赫利老师收到请柬,约请他参加大会,并且演讲他的一篇论文。赫利是一位年轻的数学家,他的研究结果,轰动了天下,还被提名诺贝尔奖评选呢。

赫利并没有得意,因为他认为这一成果离不开亚森教授。赫利原来是一个穷学生,学习很苦,对数学有着特别的喜好,他连吃也吃不饱,更没有多余的钱买书了。于是,他每天带自制的面包,待在图书馆里,查阅和誊写资料,一直到图书馆关门。亚森教授在图书馆里看见了他,主动收他做学生。在亚森教授的严格要求下,赫利进步神速,才取得了现在的结果。

这一天下午,赫利带着论文,来到亚森教授家里,想请教授做修改。他按响门铃,却没有人开门,他以为教授在睡觉,正想要离开,突然看到门没有关紧,便轻轻推开门,走了进去。房间里空荡荡的没有一个人,桌子上堆着大堆书,茶杯里的水还冒着热气,全部的迹象表明,教授不像是外出的样子,赫利想,大概教授去买面包或烟什么的,忘记锁门了吧?

赫利就坐在沙发上,一边看论文,一边耐心地等。10 分钟了,亚森教

授还是没有返回来。赫利有一些担心了,是不是出什么事了? 他站起来,看了看教授的桌子,偶然地,看到一台计算器上,留着一道算术题"101 × 5"。赫利感到奇怪,这么简略的算术题,教授还用计算器? 他按了一下计算器,显示屏上出现了答数,赫利一看,瞬间明确了,马上抓起电话报警。

为什么赫利看了答案,怎么就判断出教授出事了呢?

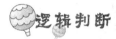

逻辑判断

101 × 5 = 505,"505"在计算器显示屏上,这很像 SOS 的标志。

法官的办法

古希腊有个诡辩家叫波罗泰格拉,他有一名门生叫广脱尔,专门教授他辩论的要领。在此之前,师徒两人签订了一个条约,条约规定:广脱尔学成之后,第一次诉讼辩护赢了以后,就必须把这笔诉讼费用交给老师一部分。

广脱尔很快学完了全部课程,毕业之后,他却不急于去法庭上做辩护律师。这可把老师波罗泰格拉急坏了。最终,这位老师就把广脱尔告上了法庭。老师是这样思量的,要是自己能赢得这场官司,那么法庭肯定会判自己得到这笔钱。要是门生赢了,那么根据师生当年的条约,他也应该给自己一笔钱,不管怎样,自己都可以拿到这笔钱。

门生认为,要是这次官司输的是自己,他不会付老师一分钱。要是赢了,那么根据法庭的讯断,他更不会付给老师任何钱。

在开庭之后,门生和老师各自辩护着自己,各自报告着理由。法官都非常为难,不知道该怎样判断。思量再三以后,法官终于想出了一个法

子,这个法子既没有破坏原告和被告之间的条约,又让老师得到了一笔钱。

那么,你知道法官到底用的是什么办法呢?

逻辑判断

法官非常聪明,他先把原告的起诉撤诉了,然后再让他起诉一次。于是,广脱尔就赢得了第一次起诉,第二次起诉当然就是老师赢了。

男 女

皮特夫妇有七个孩子,老大至老七分别为甲、乙、丙、丁、戊、己、庚。现在我们知道七个人是这样的:

(1)甲有三个妹妹;

(2)乙有一个哥哥;

(3)丙是女的,她有两个妹妹;

(4)丁有两个弟弟;

(5)戊有两个姐姐;

(6)己也是女的,但是她和庚没有妹妹。

你能根据这些条件,猜出谁是男性,谁是女性吗?

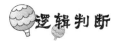

逻辑判断

甲、乙、戊、庚为男性;丁、丙、己为女性。

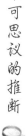

不可思议的推断

贩马人的税

一个城镇需要大批好马,因此出高价收购,并在路上设置了5个关口,来向贩马人收取重税。关口规定了每次从贩马人手中收取所运马匹数量的一半作为关税,然后再返还一匹。一位贩马人牵着自己的马匹前来卖马,过了5个关口,却一匹马都没有损。你知道这是怎么回事吗?他拥有几匹马?

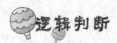逻辑判断

答案是他只拥有 2 匹马。

到底是星期几

某天。同住一个院子里的小朋友们的闹钟同时歇工,导致全部人都起得很晚。由于大人都出去了,家里又没有日历,他们就围在一起辩论今儿是星期几。

小红:后天是周三。

小华:错误,本日是周三。

小江:你们都错了,明天是周三。

小波:既不是周一也不是周二,更不是周三。

小明:我确信昨天是周四。

小芳:错,明天是周四。

小美:不管怎样,昨天不是周六。

他们之中只有一个人讲的是对的,是哪一个呢? 今儿到底是周几?

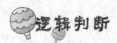逻辑判断

7 个人的见解如下:小红:周一;小华:周三;小江:周二;小波:周四、五要么日;小明:周五;小芳:周三;小美:周一、二、三、四、五或六。

综上所知,除了周日外,都不止一个人说到,本日是周日,他们都可以睡一下懒觉,小波所说正确。

称 重

　　小东、小玲和弟弟3人共同去称体重,这台秤最少要称50千克,他们姐弟三人的体重分别只有25～30千克,于是这台秤不能称他们3人的体重。正在小玲和弟弟沮丧之时,哥哥小东想出了一个法子,说是可以大概地称出3人的体重。

　　那么,到底应该怎样称出3人的体重呢?

先称兄妹 3 人的总重量,接着再称兄弟 2 人的重量。最后称兄妹的重量。这样就能够利用减法算出各自的重量了。

爬通道

一只蚂蚁正在一个狭窄的通道里爬行,爬着遇见了另一只蚂蚁。由于通道很狭窄,只能容得下一只蚂蚁通过。两只蚂蚁互看了一下,可巧有一个小的凹槽,一只蚂蚁正想躲避进去,却见凹槽里有一个沙粒,倘若把沙粒搬出来,又会把通道堵住。那么,应该怎样做,两只蚂蚁才能顺利地通过这个通道呢?

一只蚂蚁把通道拉出凹槽之后,放在通道里。另一只蚂蚁进入凹槽。然后第一只蚂蚁推着沙粒过凹槽后停息,这时另一只蚂蚁爬出凹槽,沿着通道爬走,末了第一只蚂蚁再将沙粒推回到凹槽,然后再离开。

仙女仙桃

4 个仙女手中拿着仙桃,每个人的数量不等,4 个到 7 个之间。4 个人都吃了 1 个或 2 个仙桃,结果剩下的每个人拥有的仙桃数量还是都不一样。

4 人吃过仙桃后,说了下面的话。此中,吃了 2 个仙桃的人说谎了,吃了 1 个仙桃的人说了实话。

西西:"我吃了红色的仙桃。"

安安:"西西现在手里另有 4 个仙桃。"

米米:"我和拉拉一共吃了 3 个仙桃。"

拉拉:"安安吃了 2 个仙桃。米米现在拿着的仙桃数量不是 3 个。"

开始每人有几个仙桃,吃了几个,剩下了几个呢?

逻辑判断

西西开始有 6 个,吃了 2 个,剩下了 4 个;安安开始有 7 个,吃了 1 个,剩下了 6 个;米米开始有 5 个,吃了 2 个,剩下了 3 个;拉拉开始有 4 个,吃了 2 个,剩下 2 个。

牛肉罐头在哪儿

某一个食品工厂生产牛肉罐头和羊肉罐头,工厂规定每盒牛肉罐头的净重是 500 克,每盒羊肉罐头的重量是 490 克。在装箱的时候 10 盒牛肉罐头装一箱,10 盒羊肉罐头装一箱。小唐是这个食品加工厂的装箱工人,一次他一不注意就将 9 盒牛肉罐头和 1 盒羊肉罐头装在了一个箱子里。

但是,他只称了一次,就众多的箱子中把这装错的箱子找出来了,那么,他是怎样做的呢?

逻辑判断

从第一个箱子里取一个牛肉罐头,做上箱号,以后全部取出的罐头都要这样做。从第二个箱子里取出 2 个牛肉罐头,从第三个箱子里取出 3 个,由此类推,从第十个箱子里取出 10 个。

要是取的都是牛肉罐头,那么重量应当是 500 克 × 55 = 27 500 克,倘若现在称的重量是 27 420 克,少了 80 克。由于一盒羊肉罐头平均要比牛肉罐头少 10 克,那么 80 克 ÷ 10 克 = 8,就表明取出 8 盒罐头的那一箱装的是羊肉罐头。

倘若结果是 27 460 克,就少了 40 克,即 40 克 ÷ 10 克 = 4,就阐明取出 4 盒罐头的那一箱里装的是羊肉罐头。

见面地点

有一个小镇,它的街道都是方格状的,如图。这种街道的气魄很陈腐,最早出现在古希腊。有 7 个好朋友,分别住在这个小镇的 7 个地方.图中圆点标示便是 7 个朋友的居住地点。每到节假日时,7 个朋友都要见面聚会。为了最大限度地缩短他们各自行走的路程,他们应该在哪个地方碰面比较好呢?

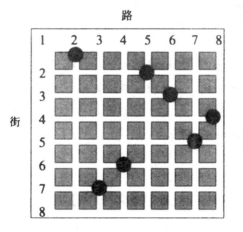

路

街

不可思议的推断

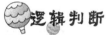 逻辑判断

聚会地点应该在 5 号路和 4 号路的交亡点最适合。

游　戏

婷婷和妮妮玩一种叫"抢报30"的游戏。游戏规矩不算难:两个人轮番报数,第一个人从 1 开始,按序次报数他可以只报 1,也可以报 1、2。第二个人接着第一个人报的数再报下去,但最多也只能报两个数,而且不能一个数都不报。好比,第一个人报的是 1,第二个人可报 2,也可报 2、3;若第一个人报了 1、2,则第二个人可报 3,也可报 3、4。接着仍由第一个接报,以此类推下去,谁先报到 30 谁胜。

婷婷很聪明,每次都让妮妮先报,但是每次都是她胜。妮妮以为此中肯定有猫儿腻,因此坚持要婷婷先报,结果每次还是婷婷胜多。

你看出了婷婷必胜的战略是什么吗?

逻辑判断

婷婷的战略其实很简略:她总是报到 3 的倍数就停。倘若妮妮先报,根据游规定,她或报 1,或报 1、2。若妮妮报 1,则婷婷就报 2、3;若妮妮报 1、2,婷婷就报 3。接下来,妮妮从 4 开始报,而婷婷视妮妮的环境,总是报到 6 为止。由于 30 是 3 的倍数,所以婷婷总能报到 30。

林肯的手迹

索斯比拍卖行,是美国有名的拍卖行。曾经拍出过无数的艺术珍品都是价值不菲的。

一天,索斯比拍卖行人满为患,人们知道今天将有林肯的手迹当庭拍卖。对收藏家们来说,可以收藏到林肯总统的手迹,那将是很光彩的事儿。

上午 9 时,拍卖会正式开始。女拍卖师南希款款地走上拍卖台,她从一个卷轴里拿出一张破旧不堪的废纸,然后说道:

"现在我把林肯的这份手迹上的内容,给各位读一下:在葛底斯堡的

大众广场,乐队奏着乐曲,人声鼎沸,每人唱着国歌涌向……下面的字迹已经被撕去了,看不清了。但最底下的署名却很明白:'阿·林肯。'下面现场的收藏家们开始竞价吧!"

"我出 50 万!"

"我出 100 万!"

"我出 150 万!"

历史学博士弗莱也举起了手,他因为一直在研究林肯,因此,对这件林肯的手迹更是情有独钟。因此他举起了右手,并直接就喊出了 500 万的高价。

现场的全部人都被他的高价镇住了,不约而同地放下了手,没人与他竞价,并欢呼着为他喝彩。

于是,弗莱博士便顺利地拍到了林肯的手迹,当晚,弗莱博士很开心,他请他的朋友检察官温斯特来到家里,让其欣赏林肯的手迹。

温斯特也为老朋友可以收藏到林肯的手迹而开心,可当温斯特拿起手迹,展卷看过之后,脸当时就变了色,不由得说道:

"老朋友啊,这份手迹一分钱也不值,因为它是假的!"

温斯特为什么说林肯手迹是假的呢?

逻辑判断

因为林肯执政时期,那个时候的美国没有国歌,著名的歌曲《星条旗永不落》在林肯时代只是一首很流行的美国歌曲,自 1931 年才正式成为美国国歌。而手迹当中却说"唱着国歌",这分明是假的。

铜　钱

一条铝线上穿了 A、B、C、D、E5 个铜钱。我们要求在不剪断线的情况下,将 C 铜钱拿出来,你能做到吗?

逻辑判断

铝线是可以弯曲的,将铝线弯曲成环状,然后将铜钱通过铝线连接处即可。

她在说谎

很小的时候,斯汀娜就喜好听爸爸讲故事,她爸爸是探长,每每给她讲探案故事。受爸爸的影响,上大学以后,她就学着写探案小说,然后寄

—— 52 ——

给一家出版社,出乎料想,出版社竟然出书了。她的小说很快被抢购一空,她一部接着一部写下去,很快成为畅销书作家。

有一天,斯汀娜很晚才回家。四周非常寂静,她一边开门,一边还沉浸在小说的恐怖情节里:"开门的时候,身后窜出一个黑影……"瞬间她以为身后真的有个黑影,心口怦怦乱跳,马上模仿小说里的情节,掏出防身用的水果刀,转身向黑影刺去,黑影扑通倒下了,她仔细一看,居然是大楼管理员,被刺中心脏,已经死了。眼看闯了大祸,她看看四周没有人,用她惯于编造情节的头脑,想出了一个逃走的奇策。她回到家里,拉下了电闸,悄悄地溜走了。

第二天,斯汀娜接到福森特探长的电话,要她立刻回家。她回到别

不可思议的推断

墅,探长已经等在那里了。探长说了看到凶杀的事,问她:"昨天你在家吗?"斯汀娜是编故事的大家了,她说:"探长,我家里的电路坏了,电脑没法用,因此,这3天里,我住在母亲家里。"福森特探长点点头说:"您的父亲是我的上司,我是看着您长大的,您是不会做违法事的,哦,我忙到现在,渴坏啦!"斯汀娜一听,镇定自若地打开冰箱,倒了一杯冰汽水给探长。

福森特探长喝了一口,拿出手铐说:"很对不起,虽然您父亲是我的上司,但是您犯了错的话,还是要拘捕您。"

福森特探长怎么会立刻判断出是斯汀娜杀了人呢?

逻辑判断

斯汀娜说家里停电3天了,但是实际上只停了一个晚上,冰箱里的水还是冰的,所以知道她说谎了。

智　慧

永吉是木桶工厂的老板,他是个特别苛刻的吝啬鬼。为了克扣工人的钱,永吉想了一个法子。他让人在厂里放了一个圆柱形的水桶,让工人们向木桶中间注入半桶水,不可以借助任何测量器皿,注入的水不能多,也不能少。要是这些工人没做到,就要扣除全部工人一半的工钱。

工人冥思苦想,于是,一名工人想出了一个法子,完成了这个看起来不能办到的事情,顺利地帮助大伙儿拿到了工资。你知道这个工人是怎么做的吗?

这个工人想出的法子便是把水桶倾斜,如图所示,将水桶倾斜成45度角。等水到达桶口的边沿时,桶底的水刚好挡住桶底圆的另一侧,这时候桶中的水恰好是半桶。这里用到的原理是:矩形的对角线平分两个三角形。

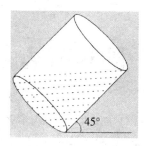

过 桥

5个人要在夜晚一起过一座独木桥,他们只有一个可以照亮29秒的手电筒。可是,这5个人过桥所需的时间分别是1秒、3秒、6秒、8秒、12秒,独木桥一次可以过两个人。这5人在29秒之内,该怎么过这座桥呢?

这道题其实非常有意思,你可以先试着在纸上列出全部方案:将5个人分别用5个字母来代替,A过桥时间是1秒,以此类推,B是3秒,C是6秒,D是8秒,E是12秒。最终你必须让走得最慢用了12秒的E和走得次慢用了8秒的D一起过桥,这样他们一起用了12秒的时间。然后几个人迅速地过桥就是了。

此岸	彼岸	时间/s
A B C D E		
C D E	A B	3
A C D E	B	1
A C	B D E	12
A C B	D E	3
B	A C D E	6
A B	C D E	1
	A B C D E	3
		合计 29

照片的破绽

在一座奢华的公寓里,有个老妇人被人杀害了。老妇人的丈夫是大亨,两年前在车祸中去世的,留下她一个人住在这里。她无儿无女,只有一个外甥每每来看她,幸亏她的身体还不错,也没有请保姆照顾。谁知道祸不单行,现在她也遇到了不测!

根据海尔探长观察的结果,老妇人的外甥嫌疑最大。因为从现场看,案犯便是死者的亲属,而每每来看老妇人的,只有外甥密尔敦,而且他是唯一能承继姨妈产业的人,他会不会为了得到遗产,杀害老人呢?

探长马上询问密尔敦,他是一位摄影记者,戴着金丝边眼镜,穿一套灰色的西装,夹着一只名牌文件包,长相非常斯文。探长说:"不瞒您说,您的杀人动机最大,您姨妈去世了之后,您就可以承继遗产;您有作案的时间……"

密尔敦马上说:"探长,请允许我打断您的话,我并没有作案的时间!"他冷静自若地打开文件包,拿出一张照片递给探长,接着说,"我姨妈遇害的时间,是在昨天上午9时,当时我正在海滨公园里拍照,正巧,我还在公园里的钟楼前,让人给我拍了一张照片,您看这张照片上,钟楼指

示的时间,这不是 9 时吗?"

海尔探长看过了照片,上面的时钟确实指着 9 时。探长又仔细看了一遍,嘴角露了一丝笑容,说:"这照片正好证明了你是凶手。"

既然照片上的时钟指着 9 时,凭什么海尔探长却认为密尔敦就是凶手呢?

逻辑判断

在照片上密尔敦的西装的扣子都在右边,而男西装的纽扣应在左边的,证明照片印反了,时钟上 9 时实际上是下午 3 时。密尔敦确实有作案的时间。

花　费

甲乙两个市都在赤道上,它们恰好在位于赤道相对的位置。A、B两位科学家分别住在这两座城市,A、B每年都要去南极考察一次,但是飞机票着实是太贵了。可知,绕地球一周,要1000美元,绕半周要800美元,1/4周要500美元。根据习惯,他们每年都得买一张绕地球1/4周的机票,要耗费1000美元。但是这次,他们却想出了更省钱的办法。到底是什么法子省钱呢?

逻辑判断

A买了一张经由南极到甲地的机票,B买了一张经由南极到达乙地的机票,在两人在南极遇见时,可以把机票互换一下,这样两人只需耗费800美元就可以到达自己想去的都市了。

真　传

罗老师教了一辈子的书,迟暮之年收了两个徒弟教授教书经验。两个爱徒为人端正,且勤奋好学,但是罗老师只能选一个来承继事业,到底选哪一个,让他很难取舍。

罗老师想到了一个办法。他拿出了两本同样厚的书和两支笔,告诉自己的两个爱徒,要分别在书的每一页上都点上一个点,一页也不能少,谁先做完,就能得到真传。

两个徒弟都盼望得到师傅的真传,他们应该怎样做才可以得胜呢?

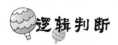

逻辑判断

用笔在书的书口画一条直线就够了,这样每页上都会有一个点的哦。

枪声之谜

半夜里,大街上已经一个人也没有了,只有几只流浪的小野猫,在垃圾箱边窜来窜去,探求吃的。大街离公路不远的地方,有一个加油站,加油站的附近,开着一家小酒吧。公路上来来往往的汽车,都到加油站来加油,游客们也都喜好在酒吧里喝上两杯,休息一下,所以,小酒吧的买卖还不错。但是,就在这天半夜,小酒吧里发生了性命案!

福伦警长接到报案,立刻就赶到了现场。他看到一张桌子前,趴着一位中年男士,体段很强健,头发乱糟糟的。桌子上淌着一大摊血,在昏暗的灯光下,显得分外恐怖。男子的左耳朵背面,有一个弹洞,子弹是从这里射进去的,穿进了脑袋,当场身亡。

开枪的人叫比克,他是小酒吧的老板。比克面如死灰,紧张地回答着福伦警长的询问。比克说:"我这里的主顾,南来北往的很多,一些地痞每每来这里捣乱,为了预防歹徒掳掠,我准备了一把手枪,这是在警察局备过案的。"福伦警长说:"这些我都清楚,你就说为什么开枪杀人吧?"

比克点点头,接着说:"就在 10 分钟前,酒吧里只剩下一个主顾,趴在桌子上一动不动,我以为他喝醉了,就跑了去,问他是不是不舒服,谁曾想他一下子蹦起来,举起一把尖刀,要我把钱箱交给他!我急忙逃回柜台,拿出防身的手枪,他举着尖刀冲了上来,我只好开枪,我这是合法防卫啊!"福伦警长等比克说完了,讽刺地说:"你编的谎话里忘了一个细节!"

是什么细节,使福伦警长发现比克在撒谎呢?

如果男子是正面扑上来的,子弹怎么从耳朵后边射入呢? 这是他在伪造现场。

被陷害的菜农

一个菜农,起早贪黑,兢兢业业,等到田里的菜成熟,就挑到城里去卖。生活虽然很困难,可是他总是高高兴兴地说:"靠自个儿的双手过日子,虽然辛苦,但是心里很舒坦。"

一天早上,他挑菜去卖。他脚步很快,扁担在他肩头吱呀吱呀作响。突然,他被一包东西绊了一下,打开一看,竟然是白花花的银子,足足有300两! 他想:这钱够我花好几年啦,可是我不能拿。他放下钱包,想继续走,可是又一想,万一被坏人看到,就会被拿走的,丢钱的人肯定很着急,我就守在这儿吧,等丢钱的人来吧。他就在路边等,太阳升高了,篮子里的菜被晒干了,不能卖了,可是热心肠的菜农还是等着。

突然,有一个商人跑过来,焦急地问:"我丢了一包钱你看见了吗?"菜农立马拿出钱,交给商人。商人接过钱点了点,一点没少。可是他太贪心了,不但没谢菜农,反而企图乘机诈他一笔钱! 所以,他惊叫起来:"哎呀,少了200两银子,肯定是被你拿了!"菜农生气了,和他争辩了起来,最后闹到了县衙门。

县官问清了情况,立马知晓商人在扯谎。他要教训一下商人,就说:"商人丢的是500两银子,可是菜农捡到的是300两,说明菜农捡到的钱不是商人的。为了表彰菜农,300两银子就奖给他了。"商人急了,问:"那

— 61 —

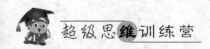
么我的银子呢?"县官回答:"等到有人捡到 500 两银子的包,再还给你吧!"

县官为什么知晓商人在扯谎行诈呢?

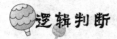
逻辑判断

假如菜农要图拿商人的钱,那个时候早就可以把钱走拿了,还等着商人干什么呢。

头发的颜色

布莱克太太、瑞德太太、布朗太太在美发店邂逅,其中一位说:"我的头发是黑色的,而你俩一个是红色的,一个是棕色的,但是没有一个人的

头发颜色与自己名字符合。"布朗太太说："你说得非常正确。"

那么瑞德太太的头发是那种颜色的？

（注："布莱克"的意思为黑色、"瑞德"的意思为红色、"布朗"的意思为棕色）

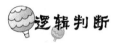

答案是瑞德太太是黑色的头发。

狗不识字

明朝的宁王年少时是花花公子，经常牵着只挂着块"御赐"牌子的白鹤，在南昌满街闲逛。

一天，那只白鹤自个儿跑出门来，一条狗咬死了白鹤。宁王暴跳如雷："白鹤是皇上赏的，脖子上挂着御赐金牌，谁家的狗竟欺君犯上！"下令把狗的主人捆起来，送交南昌知府衙门，要给他的白鹤抵命。

那个时候的南昌知府名叫祝瀚，对宁王很不满。听宁王府的人来转达宁王的"旨意"，又好气又好笑，对来的管家说："你写个诉状来，本府自当审讯。"

宁王府管家递上诉状，祝瀚看过，从签筒中拔出令签，命令衙役捉拿凶犯到案。管家赶紧说："不劳贵差，人已抓到堂下。"

祝瀚故作惊讶地说："这诉状上明明写着肇事凶犯明明是一条狗，本府今日要大堂审狗，抓人来干什么？"

宁王府管家生气地说："那狗不能说话，岂能大堂审问？"

祝瀚见管家既狗仗人势，又说得有点"道理"，就把这个案子轻松地判了。祝瀚是如何断案的？

祝瀚道:"贵管家不必生气,本府自有办法。只要把贵府诉状放在它面前,它看后低头认罪,也就可以定案了。"

管家大叫道:"你这昏官,这天下可有识字的狗?"

祝瀚神情严肃地说:"既然狗不识字,那金牌上的'御赐'二字它岂能认得? 既然它不认识,这欺君犯上的罪名又从何说起? 狗本不通情理,咬死白鹤乃是禽兽之争,凭什么要处治无辜百姓?"几句话把那宁王府管家问得哑口无言。

瞎子贪财

一个瞎子,靠算命行骗。他戴着墨镜扛着招揽生意的幌子,上面是"替人算命,为你免灾",然后走街穿巷,到处行骗。那个时候的人都很迷信,碰到大事,都来找他算命。那个瞎子贪心不足,他故意装神弄鬼吓人,骗了好多钱。

一天,瞎子要到一个小镇去。小镇隔着一条河,要经过一座独木桥。他走上了独木桥,那桥很陡峭又很窄,又有些年月了,走上去摇摇晃晃的,瞎子脚都抖了。这时候,有个农夫过来,肩上搭了一块新购买的红布,也走到了桥上。他看到前面是个瞎子,就热心肠地说:"你眼睛看不见,我背你过去吧。"算命瞎子一听,可乐意啦,赶紧趴在农夫的背上。

农夫背着瞎子,瞎子摸到了那匹布就贪心了起来。他偷偷地把布撕了一个口子,等到过了桥,农夫放下瞎子,瞎子竟然拿了布就要走。农夫责问他:"我热心肠背你过河,你怎么能拿我的布呢?"瞎子却一口咬定,说布是他新买的。

县官审讯了这个案子,他问农夫和算命瞎子:"你们都说布是自个儿的,有什么证据呢?"算命瞎子赶紧抢着说:"我有证据,我在拿布的时候,不小心撕了一个口子。"县官一看,布上面果然有个口子,就说:"这么漂亮的一块白布,撕了好可惜啊!"算命的立马说:"是呀。为了购买这块白布,花了我很多钱呢!"他的话音刚落,县官就知晓,算命瞎子就是骗人的人。

县官怎么就知晓他是骗子呢?

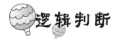**逻辑判断**

本来是红布,县官说白布,瞎子就跟着说是白布,当然是骗子了。

智 者

甲、乙、丙3个人中,有一个是智者。他们共同加入了语文和数学两门测验。

甲说,倘若我不是智者,我将不能通过语文测验;要是我是智者,我将能通过数学测验。

乙说,倘若我不是智者,我将不能通过数学测验;要是我是智者,我将能通过语文测验。

丙说,倘若我不是智者,我将不能通过语文测验;要是我是智者,我将能通过语文测验。

测验结束后,证明这3个人说的都是真话,而且智者是3人中唯一一个在这两个科目中通过一门测验的人,也是3个人中唯一的一个没有通过另一门测验的人。

你能找出谁是智者吗?

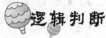 逻辑判断

答案:乙是智者。

死在井里的丈夫

清代,南阳有个县官,名字叫吴兴极。他在破案的时候,善于动头脑,一些很渺小的细节,别人每每不过问,他却能漂亮地查出原形,人们都叫他"吴神探"。

一天,一个妇人来到县府,扑通跪下,大哭着说:"三天前,我的丈夫

— 66 —

到城里去卖西瓜，说好当天就转头返回来的，但是等到天黑了，也没有回来。我到处去找，跑断了腿，哭干了眼泪，都没有找到。今日一早，听人说在村口的水井里，浮着一具遗体，我赶去一看，正是我的丈夫！请老爷给我做主，抓住杀人犯啊！"

吴神探慰藉了妇人几句，然后坐上马车，和妇人一起来到村口。他探头往井里看了看，只望见一具遗体，已经高度腐败，散发出坏臭味。他掩着鼻子，皱了皱眉头，然后转头对妇人说："你也别哭了，先回家歇息吧，本官自有办法，明天早上之前，肯定查出凶手！"等到妇人走了以后，吴神探立即下令，让部属人到村里，通知妇人和她丈夫的兄弟姐妹，另有他们的街坊邻居，来日一早到井边会合。

第二天一早，村里的人都来了，他们都很不高兴，不知晓大早晨的，叫他们来有什么事？吴神探让他们排好队，一个一个分别来到井边，辨认井底的遗体。但是，遗体已经高度腐败，他们虽然都看不明白是谁了。吴神探立马果断出，谁才是真正的案犯。

你能猜出谁是真正的凶手吗？

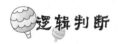

逻辑判断

所有人都不知道这个尸体是谁，可是妇人却知道，所以妇人是凶手。

藏在床下的小偷

吉安州有个富豪家娶媳妇，一个小偷趁人多混乱时，悄悄混进新房，钻到床底下藏了起来，要等到夜深人静时出来偷东西。没想到这家办喜事，连续三天都人来人往，彻夜点着灯，小偷一直没敢出来。到第三天，他饿急了，突然跑了出来，一下被人抓住，送到了衙门。

　　小偷受审时辩解说："我不是小偷，是大夫。新媳妇有种特别的病症，所以让我跟在她身边，每每为她用药。"并且说了新媳妇这种病症的发作情况，还说了许多新媳妇家的事情，都很具体。主审官听他说得条理分明，就信赖了他，并且要传新媳妇到府来对证，以便结案。

　　富豪家感到这么做有失面子，就恳求衙门别让新媳妇上公堂，衙门不容许。富豪就去找衙门里一老吏探究，请他帮忙。老吏对主审官员说："那个媳妇刚刚过门，她家这场官司不论是输是赢，让她出堂，对她来说都是莫大的羞耻。大概那人说的新媳妇家的事，是在床底下听新婚夫妇枕席间私房话才知晓的，他突然跑出来，就被捉住了。要对证也不难……"然后，老吏附耳对主审官员出了一个主意。

　　第二天，一个穿着体面的新媳妇乘车来到衙门上堂对质，那小偷一见，就嚷着说："你约请我治病，为什么把我当小偷抓来呀？"主审官一听，不禁大笑起来。当场说破小偷的谎言，小偷见骗局被戳穿了，只好认罪。那老吏对主审官出的是什么主意呢？

逻辑判断

　　小偷说是给新媳妇治病的大夫，那么，他肯定了解新媳妇；倘若他是小偷，偷偷摸摸钻到床底下，只是偷听了些新媳妇的话，那么他肯定不认识新媳妇。老吏对主审官员说换一个妇女和他对证，小偷果然不认识，就证明他是小偷。

分蛋糕

　　今天是聪聪的 10 岁生日。

　　舅母给他送来了一个非常大的圆形蛋糕。可就算是聪聪的生日，舅母还是要考一下他,舅母对聪聪说:"要是你能把这块蛋糕分成完全一样的两份,不光一样重,形状也要一致,而且分出来的形状必须全部由曲线组成,不准有直线段,那我就再嘉奖你一份礼物。"

聪聪盯着蛋糕看了半天也不敢动手。你能帮他忙吗?

不可思议的推断

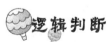 逻辑判断

舅母的要求其实便是"太极图"的画法。

未来儿子的遗产之争

清朝雍正年间,广东普宁县李家庄里,住着一位技术高超的李木匠。十里八村家家都有他做的活计,连城里的富豪们盖大宅都要把他请去。

李木匠有两个儿子,他本要让他们承继自个儿的技术,可谁知他们好吃懒做,整天吊儿郎当,好逸恶劳。又过了些年,李木匠年岁大了,两个儿子也成家立业了。但是,那两个不争气的儿子还是不争气,只知道老父亲的那点遗产。李木匠见儿子这么不争气,哀愁成病,而且越来越重。

有一天,老大来到老木匠的床前说:"爹,我是您的大儿子啊,您什么时候把那一些银子交给我啊?"

老木匠听见大儿子连问候也没有,张口就要钱,生气地说:"都给你,滚吧!"

老大听了这话,乐得一大蹦,赶忙叫过请来的老秘书说道:"快写上,我爹说了,银子都给我!"

这么,老秘书取出纸笔,写下了一张遗嘱。

第二天,老二也来到老木匠的床前说:"爹,我是您的小儿子,您都是要去世的人了,那一些银子还是都给我吧!"

老木匠听了小儿子的混蛋话,更是气得不得了,生气地说道:"都给你这个混蛋! 快滚蛋!"

老二听了,乐得大大拍手,也跟老秘书说道:"快,写清楚,我爹把银子都给我了!"

于是,老秘书取出纸笔又写下了一张遗嘱。

几天之后,老木匠去世了。老木匠还没有安葬,他的两个儿子就为争那几十两银子打了起来。他们都说那一些银子是老父亲留给自个儿的。没有办法,两个人一同来到县衙请知县公断。

知县问明缘由后把老秘书传来。老秘书证明,这两张遗嘱的确是他代老木匠写的。

知县思量了一下子,无可奈何地对他们说:"你们这案子可真怪,都怨你们的爹,哪有这么写遗嘱的呢? 这叫我也没法子断哪!"

"老爷一定要替小民做主啊!"老大和老二同时恳求起来。

知县又思考了一下子,说道:"我本应处罚你们的糊涂爹,无奈,他已经去世了。现在唯一的法子只能这么断了……"

"怎么断?"老大和老二都急不可待地打断了知县的话。

"都不要急,听我说。"县令看了看他们,"你们都有儿子吗?"

"有。"两个人异口同声地答道。

"几个呢?"

"两个。"两个人又是齐声附和。

"都是两个?"

"都是。"

"这下我就可以断得公正了。"

这遗产和他们的儿子有什么干系呢? 老大和老二不明所以地望着知县,等候他说出结果。

知县知晓他们的心情,反而存心缄默寂静了好一阵子才说道:"你们的这场官司本不应该产生,可事情已经这样了,也是没有法子的。但为了不再生事端,本官现在提出一个条件,谁能办到,遗产就全部归谁。"

知县阐明条件后,老大和老二都不再争遗产了。

知县把老木匠留下的银子中分给了他们。他们兄弟两个也和好如初了。

这个知县提出了一个什么条件,才使他们不再争遗产了呢?

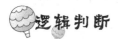

逻辑判断

知县说:"你们的父亲只因生了你们两个儿子,才导致产生这场纠纷。正好你们每人也有两个儿子,这就好办了。因为不管这一些银子断给谁,等你们老了,还会发生这种事情。所以,本官决定,只要你们谁肯杀自个儿的一个儿子,这银子就断给谁。"

就算再混蛋的父亲也不愿意杀自己的孩子。正所谓虎毒不食子。

第三章 头脑转转转

小提琴手之死

金碧辉煌的音乐大厅里,演出就快要开始了。为了确保演出的质量,乐队的首席小提琴手,由格德和马里雷两个人担当。在每一场演出前半个小时,由指挥福兰特临时决定到底让谁上场演奏。格德和马里雷是师兄弟,他们的演奏水平大抵相当,格德更得到福兰特的赏识,因此,他上场演出的机遇更多一些。

今儿个的演出,听说最有名的小提琴手出场大家都要来看,格德和马里雷都盼望可以上场演奏,倘若能得到大家的赏识,那以后就不愁不著名啦。

演出前半小时,福兰特做出了决定,让演奏水平更高的格德出场。格德听说之后,立刻来到化妆间化妆,化完妆之后,他还要调试 3 分钟琴弦,然后才上场演奏。但是,就在开场的前 10 分钟,人们却找不到格德了!剧场经理和乐团团长可急坏了,领着人到处寻找,最后在堆放道具的小房间里发现格德早已被人勒死了。

探长莱克来到现场,此时,离开场只有 3 分钟了。为了不影响演出,指挥福兰特只好决定,让马里雷准备上场。马里雷接到通知立刻来到化装间,一边化装,一边伤心地说:"放心吧,我肯定会用心演出,来哀悼我的师兄!"

上场的铃声响了,马里雷熟练地从琴盒里拿出小提琴,跑上台就演奏起来。莱克探长站在幕后,一边欣赏演出,一边仔细地观察乐团团长的表情。

演出取得了成功,马里雷发挥得非常好,他看到团长微笑着向他点点头,表现赞赏。他谢完幕,非常开心地回到后台。这时,莱克探长拍拍他的肩膀说:"马里雷,请跟我去警察局吧!"

莱克探长是怎么知道是他杀死格德的呢?

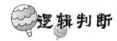
逻辑判断

小提琴手在临演出前几分钟,是需要调好琴弦的,而他从盒子里拿出来就能弹奏,说明他谋事在先,有谋杀格德的嫌疑。

找回草帽

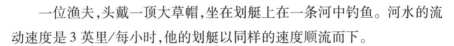

一位渔夫,头戴一顶大草帽,坐在划艇上在一条河中钓鱼。河水的流动速度是 3 英里/每小时,他的划艇以同样的速度顺流而下。

"我得向上游划行几英里,"他自言自语道,"这里的鱼不太听话啊!"

他开始向上游划行的时候,一阵风把他的草帽吹落到水中。但是,我们的这位渔夫并没有发觉他的草帽丢了,仍旧向上游划行。直到他划行到船与草帽相距 5 英里的时候,他才意识到这一点。于是他立刻调转了船头,向后面划去,终于追上了他那顶在水中漂泊的草帽。

在静水中,渔夫划行的速度总是每小时 5 英里。在他向上游或下游划行时,一直以这个速度行进。显然,这并不是他相对稳定的速度。好比

说,当他以每小时 5 英里的速度向上游划行时,河水将以每小时 3 英里的速度把他向下游推去,于是,他相对的速度仅为每小时 2 英里;当他向下游划行时,他的划行速度与河水的流动速度将互相作用,使得他相对的速度达每小时 8 英里。

要是渔夫是在下午 2 时丢失草帽的,那么他找回草帽应是在什么时间?

逻辑判断

既然渔夫离开草帽后划行了 5 英里,他虽然是又向回划行了 5 英里,回到草帽遗落处。但是,相对河水来说,他共划行了 10 英里。渔夫相对河水的划行速度为每小时 5 英里,因此他肯定是共花了 2 小时划完这 10 英里。他在下午 4 点时找回了他那顶落水的草帽。

那天的遗嘱

汽车大亨库顿因心脏病发作抢救无效而殒命。他的离开让库顿集团继任掌舵者的竞争越发的猛烈了。库顿的三个儿子米萨、吉尔斯和大卫都来到集团总部，等候着律师颁布遗嘱，确定谁将最终成为这个巨大企业的总裁。

看到人都到齐了，律师当着兄弟三人的面，拆开一份密封好的文件，这是老库顿的亲笔遗嘱："倘若我因意外而死，库顿集团由吉尔斯掌管。"落款时间是 2001 年 11 月 30 日。

吉尔斯有些惊奇，而米萨恨得牙痒痒的，却也没有一点办法。突然，小儿子大卫站起来说道："等一等，我明确父亲在这份遗嘱之后又重新订立过一份遗嘱，根据法律有关条款遗嘱内容应该以最后的一份为准。"

"哦?"米萨瞬间来了兴趣，他急忙追问，"另一份遗嘱在那里?"

"在家里客厅的保险柜里。我们现在就一同回去看看吧。要是两份遗嘱一样，那么我们公司就归吉尔斯管。倘若两份遗嘱不一样，就根据后面一份遗嘱的内容办。"大卫说。

因此，一行人驱车来到库顿的别墅。走进了客厅，大卫取下挂在墙上的油画，马上露出一个嵌在墙中的不锈钢保险柜，他打开保险柜，拿出一份文件，也是密封完好的。

大卫当着全部人的面打开文件，只见老库顿亲笔写道："我决定用这份遗嘱，代替以前的遗嘱。我去世后，由大卫掌管库顿集团。"落款时间为 2001 年 11 月 31 日。

米萨的盼望再次破灭，他跳了起来说："不行，我有异议！你们一个买通律师，一个伪造遗嘱，我最老实，我是最亏的！"

大卫得意洋洋地说："你不承认也没法子，父亲的确是这样分配的，

你认为不公正可以去找他理论。"

这时,吉尔斯哈哈一笑,说道:"大卫,知道为什么爸爸不把公司留给你吗?你很有策划的头脑,但在办大事的时候,每每都是糊里糊涂,这遗嘱一看就知道是你伪造的!"

聪明的读者,你以为大卫的遗嘱是真的,还是假的呢?

逻辑判断

大卫只在乎去立一份假遗嘱,却忘记了 11 月只有 30 日,根本就不存在 31 日。

黄色的工装裤

拉克斯通摩托车大赛是英国最惹人关注的比赛。几个预赛之后呼声最高的是开麦基和乔纳费希的摩托车队。

决赛前夕,整个营区沉默无声,只有 4 个摩托车队的营地里还透出一丝昏暗的灯光。分别是紧挨在一起的格拉迪科队、开麦基队、苏扎基队和在他们上游处、相距 200 米的乔纳费希队。就在此时,一个黑影窜进开麦基队的车库里,没过多久,一声脆亮的金属落地声惊醒了开麦基队的汤姆。他刚要蹑手蹑脚去抓,只见那黑影从通风管爬出,转眼之间,黑影直奔河滨,等汤姆赶到河滨,黑影早就不见了。但是汤姆还是有功劳的,在通风管口捡到一块黄色的碎片。

过了一会,警长莫里斯赶到现场。他调集来 4 个车队的队长,指着碎片对格拉迪科队队长说:"这是你们的裤子上的材料吧?"格拉迪科队队长点点头,说:"这里一定有鬼,我们的一个裤子被偷了。"

这时,从门外走进一个瘦子,他左手提着种种渔具,右胳膊上挂着一捆湿淋淋的东西,说:"这是有人让我交给莫里斯警长的。"莫里斯接过来,一看是一条黄色工装裤,裤腿上有一个破洞,与那块碎片刚好符合。"你是从哪弄来的呢?"莫里斯问道。"我是乔纳费希队的杰克,我在我们营地附近钓鱼的时候抢到的。""什么时候?"那人想了想说:"15分钟前,我正在甩鱼钩时,突然看见这玩意从开麦基队营地方向漂过来。"

格拉迪科队队长一听,说:"明显的嫁祸,这是开麦基队惯用的手段!"开麦基队队长气得满脸通红,说:"我们疯了?捣什么乱啊?"

莫里斯警长制止了他们的辩论,说:"案犯就在我们中间,我已经找到了他。"说完,犀利的眼光直朝他射去。那人很无奈地低下了头。

你知道案犯是谁吗?

🎈逻辑判断

案犯是乔纳费希队队长。他们的营地在开麦基队营地的上游,扔在河里的东西哪有逆水漂流的道理啊。

机智的大臣

古时有个大臣特别机智,和他一起做官的人都喜欢给他出难题,他都可以一一化解。他的伶俐,在当时的大臣中被传为佳话。这一天,国王想要考考这个大臣,看看他到底有多聪明。国王当着许多大臣的面问他:"你是我的忠臣吧?"

聪明的大臣说:"是的,陛下,我的生命都是您的。"

国王点点头,说:"好啊,那么现在我就让你为了我舍弃你的生命。你到河滨投河,结束你的生命吧。"

聪明的大臣听完,立刻说:"好吧,陛下,我这就去投河自尽。"

来到河滨,转了一圈之后,又重回到了朝廷上,国王见他没死,就问他

是怎么回事。聪明的大臣说了一番话,这番话不但为他免除了去世刑,还让他得到了国王的夸奖。

你知道这位聪明的大臣到底说了什么呢?

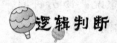
逻辑判断

这位大臣说,刚要投河就有一个鬼魂质问我明君在世为何要死。你死了就是辱没了自己的君王,自己不能辱没了国王的名啊。因此,他就回来了。

分　饼

S 国来了 12 个使者,国王决定摆国宴招待这些使者。厨师慌忙中失误了,只做了 7 张有特色的饼。

国宴即将开始，倘若现做，早已来不及了。国王为难地想，这 12 个使者谁都得罪不起啊，该怎样把这 7 张饼平均分给这些使者呢？国王拿起刀，在几张饼上平均切了几刀，最多每张饼上是 4 刀。你知道国王是怎样切的吗？

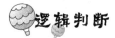逻辑判断

7 张饼的切法分别如下：3 张切 4 刀，4 张切 3 刀，使每个人都分到 4 块。

牧场之间的交易

荷兰人汉斯遇到了一个挤奶女工。汉斯带着一只羊和一只鹅，挤奶女工望见汉斯向她走过来吓得惊呼起来。

汉斯问："你为什么叫？"

挤奶女工："我怕你亲我。"

汉斯："我怎么能做到呢？我身边有羊，另有一只鹅。"

挤奶女工："那你为什么不能丢了手杖，把羊拴在树上，把鹅放在我的桶下面呢？"

汉斯："那样你的奶牛会攻击我的。"

挤奶女工："我的奶牛不会攻击任别人的，为何不把你的羊和鹅在我的牧场养着呢？"

好了，故事不用再看下去了，到这儿问题就有了。在接下来的对话里，两人察觉到羊和鹅的食物和一头奶牛的食量一样。倘若牧场的现在饲料可以养活一头奶牛和羊 45 天，养活一头奶牛和一只鹅 60 天，养活一只羊和一只鹅 90 天。因此，能养活一头奶牛、一只羊和一只鹅多少天？

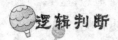

奶牛每天吃 1/60 的草量,羊每天吃 1/90 的草量,鹅每天吃 1/180 的草量。奶牛和羊 36 天能吃完现有的草,在这期间,每天新长出的草能够供鹅消耗。

爬梯子的问题

一个小男孩特别自以为是,他出了一道题检验抹灰工人。工人说:"你对数学题很在行,但我对梯子的题也很在行,倘若你能答出我给你出的题,我就说出你的问题。要是我在梯子上爬上爬下,要求两次到达地面,两次到达梯子顶部,并且每一步梯子要踩两次,那么,我至少要用几个步骤才完成呢?每步梯子的高度相称,并且每一步梯子利用次数也必须相称。"

年轻的朋友们,这道标题可不容易,你们要得到精确的答案还必需在梯子上做许多次试验。

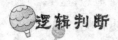

答案是需要 19 个步骤,方法是这样的:

先上第一步梯子,然后返回地面,此后的顺序 1、2、3、2、3、4、5、4、5、6、7、6、7、8、9、8、9。地面、梯子顶部和梯子的每一步都使用了两次。

淑女裙

娜娜最近买了一条新款淑女裙。朋友们急着想一睹风采,可娜娜却还在卖关子,只给她们一个提示:"我这条裙子的颜色是红、黑、黄三种颜色其中的一种。"

"娜娜一定不会买红色的。"小晓说。

"不是黄的就是黑的。"童童说。

"那一定是黑的。"光子说。

最后,娜娜说:"你们之中至少有一个人是对的,至少有一个人是错的。"请问,娜娜的裙子到底是什么颜色的呢?

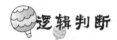 逻辑判断

娜娜的裙子是黄色的。

伤脑筋的顾客

一位顾客想寄很多封信。于是他递给邮局卖邮票的职员一张1元的人民币,说道:"我要一些2分的邮票和10倍数量的1分的邮票,剩下的全要5分的。"这位职员一听蒙了,他要怎样做才能满足这个伤脑筋的顾客的要求呢?

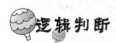 逻辑判断

5枚2分的邮票,50枚1分的,8枚5分的,加起来正好是1元。

丢失的戒指

　　王太太正在家里给亲戚们包装礼物,当她把9个外形一样,并且重量也一样的包裹都包装好,并封好口之后,却不见了戒指,她意识到是掉在了其中某一个包裹内。然而,她只是将这些包裹放在秤上称了两次,就将戒指找出来了。

　　你知道王太太到底怎么知道的么?

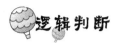

王太太将包裹分成了 3 个一组,然后取出两组来称重。倘若秤上表现有一组比较重,那么戒指就大概在这 3 个包裹中的一个里;倘若是秤上两组一样重,那么戒指就在别的 3 个包裹中。然后,将那 3 个包裹中的两个放在秤上,倘若有一个比较重,那么戒指就在比较重的包裹里,倘若两个包裹一样重,那么戒指就在还没有放在秤上的那个包裹里。

机智的回答

一位有名的物理学家,每天都被各个大学请去讲课。这一天,他又准备去一所大学讲课。在路上,司机对他说,他也可以和物理学家一样给人讲课。物理学家开玩笑说,要是那样,那么就跟司机互换,反正这所大学的人也不了解自己。

最终,司机真的给学生们上了一堂像模像样的物理课。讲课靠近尾声时,一位物理学教授站起来,问了司机一个问题,而这个问题是物理学家从没有说过的。这下可急坏了这位物理学家,因为他知道司机根本不会回答。但是,司机急中生智,逃脱了尴尬的处境。

你知道这个司机到底是怎么样做的吗?

逻辑判断

司机的回答很巧妙,他说:"您提出的这个问题我的司机就可以给你解答了。"说完,他就朝物理学家摆了摆手叫他回答了这个问题。

字母的游戏

哥伦布在找到新大陆以后,开始想到的便是传入文化,要读书首先就必须了解英文字母,哥伦布说:A、M、S 和 H、N、I 这几个字母有共同的性质,剩下的那 19 个字母中另有一个字母和这 6 个字母性质一样。你知道是哪个字母呢?

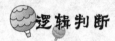 逻辑判断

这两组字母都是以[e]的发音开头的,x 跟它们是一样的。

午饭吃什么

甲、乙和丙三个人去餐厅吃饭,他们每人要的不是火腿便是猪排。已知如下民用情况:

①倘若甲要的是火腿,那么乙要的便是猪排。

②甲或丙要的是火腿,但是不会两人都要火腿。

③乙和丙不会两人同时要猪排。

你知道谁昨天要的是火腿,谁现在要的是猪排吗?

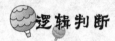 逻辑判断

根①和②,倘若甲要的是火腿。那么乙要的便是猪排,丙要的也是猪排。这种环境与③相矛盾。因此,甲要的只能是猪排。因此,根据②,丙

要的只能是火腿。因此,只有乙才可以昨天要火腿,现在要猪排。

火柴游戏

两个人做游戏,轮番从一堆火柴中移走 1、2、3、4、5、6 或 7 根,直至移完为止,谁移去最后的一根就算输了。倘若有 1000 根火柴,首先移动的人在第一次移去几根才会在整个游戏中得胜?

你能说出怎样移动才算合理吗?

逻辑判断

因为 1000 是 8 的倍数,又 $1+7=2+6=3+5=4+4=8$,因此第一个人在第一次移去 7 根就能获胜。

身份的判断

妖怪说的都是假话,而人说的话真假各一半,但是天使总是说真话。

现在第一个人说:"我不是天使。"

第二个人说:"我不是人。"

而三个人则说:"我不是妖怪。"

你能分出他们的身份吗?

逻辑判断

答案是:第一个人是人,第二个人是天使,第三个人是妖怪。

魔术师

一个魔术师在郊外购买了一栋豪华的庄园,由于庄园的面积太大,管理员稍不注意就有人溜进庄园里游玩,弄得庄园里混乱不堪。因此,管理员想了很多方法,但就是没办法阻止这些人。

一天,魔术师参加一个演出结束以后,来到庄园度假。管理员只能把实情说给魔术师听,魔术师思考了一会儿,想出了一个办法。管理员照着他的办法去做,于是很快解决了问题。你知道魔术师想的是什么办法呢?

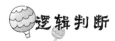

魔术师的方法是让管理员在庄园外面的墙边,竖起一块牌子,上面写了庄园里有毒蛇出没,距庄园最近的医院要走30分钟路。一旦被毒蛇咬伤,后果自负。这样一来没人进庄园了。

被陷害的偷瓜贼

有个叫王海生的瓜农,有十几亩西瓜,他的瓜地在路边,每每有过路的人买瓜吃。王海生为人刻薄,总想着能一天发大财致富。怎么样才能发财呢?靠种瓜卖钱?那是不行的。所以他想法歪门邪道:望见过路的老实人,就诈骗人家的钱财。

一天,王海生在路边蹲了有一天,也没见一个可以诓骗的人。他垂头丧气地回到了瓜棚。不知道过了多少时间,猛然听见瓜棚外有人言语:

"妈妈,我渴了,要吃瓜。"是一个小女孩的声音。

"快走吧。前面不远就到家了。"是一个妇人的声音。

"不嘛!我要吃,我要吃……"

"好孩子,别闹了,你看地里也没有人,把钱给谁呀?"

"放在地上,把钱放在地上。"

这时,王海生正在瓜棚里偷偷地朝路边望着。他想白等了一天,这回肯定要诓骗她个狠头儿的。他从瓜棚门缝望见那妇女朝这边走了几步,喊道:

"瓜棚里有人吗?"

王海生没有作声,却依然紧盯着那个妇人。他望见那个妇人从包袱里掏出几个铜钱,蹲下身去,把钱放在一片瓜叶上,然后拧下一个小西瓜。

"住手，原来是你在偷我的瓜呀！走，到衙门去！"王海生边喊边蹿出了瓜棚。

妇人望见瓜棚突然蹿出一个人，吓了一大跳，手拿西瓜愣住了。但机敏的她还是轻声说道："先生，你别使气，若不是因为孩子喊渴，我不会这么做的。瞧，我已经把钱给你放在这儿了。"

"就那点钱，也要吃瓜？"王海生瞪了妇人一眼。

"那你要多少钱？"妇人说着又掏出几枚铜币。

"你等着，看看这一些瓜值多少钱？"王海生说完，像发了疯似的，哈腰就摘起了西瓜。一下子，就摘了二十几个。

妇人不知道王海生要做什么，吓得把女儿紧搂在怀里。

"走吧！和我去见官吧！"王海生喘着粗气说道："你偷了我这么多的瓜，看你得赔我多少钱？"

"你这是诬骗！"妇人气得声音颤抖着说。

王海生哪管这些，把瓜用篮子装上，用畜生驮着，逼着妇人带孩子和他一起来到了县衙。

县令升堂问案，王海生煞有介事地报告了那个妇女怎样偷了他二十几个西瓜，自个儿又怎样抓到她。他还说，前些天就已经丢了十多个瓜，肯定是这个妇人偷的，要她全部如数补偿。

听了王海生的诬告，那个妇女很愤怒地说："我女儿口渴，我望见瓜地里没人，就摘了个小西瓜，而且还把钱放在瓜叶上，怎么能说是偷瓜呢？"

"人赃俱在，你是赖不了的！瞧，这二十几个西瓜还不都是你偷偷摘下来的吗？怎么说是只拿了一个？"王海生尽管心虚，但嘴上却很硬。

"黑的变不了白的。我只摘了你一个瓜，绝不会错的。"

他们各说各的理，辩论了半天也没有结果。

他们谁说的是实话呢？县令也感到这个案子难断。突然，心生一计，问王海生："这二十几个西瓜都是这个妇人偷的吗？"

"老爷,这是小人亲眼所见,没有半句谎话!"

"你什么时间抓住她的呢?"

"她抱着这一些瓜刚要走,就被我发现了,我就把她带到了这里。"

县令听后震怒,厉声对王海生喝道:"你这个坏蛋,竟敢诬陷好人,还不从实招来!"

"小人说的句句是实话啊!"王海生还在诡辩着。

"那好吧,本官就叫你当堂演示一番!"县令说完,用了个小小的计谋就让王海生低头认罪了。

这个县令用的什么办法迫使王海生认罪的呢?

逻辑判断

县官让他把西瓜都抱起来,可王海生使尽全力也就能抱几个,一个男人只能抱这么多,何况一个女人能抱二十多个西瓜?

假冒的声音

一个初夏的夜里,在凤凰湖西岸的一间低矮的茅舍里,突然跑出一个披头散发的女人,她一边惊骇地跑着,一边喊救命。当下好奇者开门探视,看到是刘素英,又都马上关了门。原来,这户人家,男的叫田丰,女的叫刘素英,他们靠耕耘二亩良田和纺线织布为生,家里另有一个未满周岁的孩子。田家的日子原来过得还算不错,但是近来不知道什么缘故,夫妇两个每每大吵大闹。邻居们认为夫妇吵架不为怪,开始还有人奉劝几句,以后就干脆没有人搭理了。

第二天一早,一个老汉因为昨天晚上和田丰约定好了一早儿进山,就早早地叩响了田家的破竹门,但是屋内没有一丝应声。老汉用手轻轻一

—— 89 ——

推门,门没插,咯吱一声开了。他刚一探头,吓得"妈呀"一声,扭头就往回跑。屋里地上躺着三个血肉模糊的人,正是田丰一家。

很快,有人报知了县令,当县令一行数人赶到发案现场时,已经有好多人了。县令听了那个老汉报告了刚才他所看到的景象后,就进到屋内细细观察。只见屋内摆设不乱,三具遗体并排横卧在火炕上,炕头的一块青砖下压着一张字条,上面写道:

"生不逢时何再生,互往诽谤难相命,送汝与儿先拜别,我步黄尘报丧钟。"

县令围着三具遗体慢踱着。猛然,他弯下腰拉了拉田丰僵硬的胳膊。一下子,县令直起腰,略思片刻,然后走出茅舍,对还未散去的众乡民说道:

"田丰杀妻害子后自刎而去世,已查证属实。只是这孩子吓昏已多时,必要听见母亲的声音方醒。本官宣布,谁能学得刘素英的声音,救活这个孩子,田家的遗产就归他一半……"

话音未落,人群中就走出一个自称叫冷华的女人,她躬身道:"大人语言可算数?"

县令细细看了一下冷华,说道:"说一是一,字出千钧。"

冷华上前学起来:"宝贝儿,我的宝贝儿,妈妈返来转头啦……"但是她叫了半个小时孩子依然"睡"着。

县令问那老汉:"这与昨天晚上刘素英的声音相像吗?"

"像!真像!像极了!"老汉肯定地点了点头。

县令转身对冷华道:"好了,虽然孩子没被救活,但你学的声音却很像,鉴于田家已无后人承继产业,当是田家遗产全部归你……"

冷华刚要谢恩,县令抬手止住了她,继续说道:"按当地的风俗,外姓人承继遗产,必须用左手一刀砍断院中最粗的一棵树。我看你身单力薄,不能胜任,就由你指派一个最密切的人来完成吧!"

听完县令的话语,冷华伸脖子往人群中探了探。人们顺着她探视的方位，望见人群外层猛然站起来一个壮实男人。此人膀大腰圆，原来是冷华的丈夫杨艮。他径直奔到县令面前，接过柴刀，用左手掂了掂，几步跨到院中那棵最粗的红柳树旁。猛地抡起锋利的柴刀劈了下去，咔嚓一声，刀落树断。这时县令的眼中闪出了不一样的目光。他干咳了一声，人们马上寂静下来。只见他开口说道："本官对这起性命案已审讯完毕，现宣布捉拿案犯杨艮和冷华归案。"

杨艮和冷华扑通一声跪在地上，口喊冤枉。

县令瞥了他们一眼，大声说道："你们有罪不认，冤在哪边？"

杨艮颤颤地问道："田丰杀妻害命而去世，大人怎说是被我们所害？"

县令嘿嘿冷笑道："这是你们自个儿演出的结果。"说着转向围观的人们："昨天半夜，有人听见刘素英召唤救命，但是从死尸刀口上看，发案是在傍黑时分。这就怪了，岂非刘素英被杀后还能到处召唤救命吗？于是，我要肯定是有人冒名顶替，制造了假象，这个冒名者肯定是这起命案的杀人凶手。我就决定先从声音上查出冒名者。当查出冷华便是冒名者后，我发现她身体单薄，绝非是直接作案人，肯定另有同谋。我就利用在现场观察出的凶手是左手使刀这一特征，以田家的遗产做诱饵让凶犯自坠陷阱。"

县令的推测入情入理，杨艮和冷华无奈地哀叹两声，只得将杀害田丰一家的事情说了出来。

原来，杨、田两家很早就比邻而居，自然也过从甚密，谁知天长日久，杨艮夫妇竟起了歹心，要吞占田家的产业，就精心筹谋了这个凶险的杀人计划。杨艮首先让冷华利用女色勾引田丰中计，以此引起田家夫妇反目；接着又从中挑拨，使田丰和刘素英的关系愈加紧张。这天，杨艮趁田家夫妇刚刚吵闹后，田丰赌气离家的机会，摸进屋去砍死了刘素英和孩子。田丰返回家转头后，又被砍死在屋内，半夜时，冷华化装成刘素英，学着刘素英的声音，哭喊着从田家跑了出来。

田丰三口被杀一案，县令由刘素英的刀伤血迹，推测出有人冒名顶

不可思议的推断

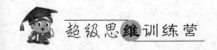
替。但是,却怎么知晓田丰不是自刎而死的呢?

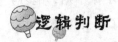

逻辑判断

县令检验田丰尸体时现,其左右手都是僵直而不能弯曲,极不符合逻辑。由此就断定田丰是别人用刀杀死的。

博物馆失窃

国家博物馆里,正在举行国际文物展览。天下最宝贵的文物都在这里,展期只有一周的时间。这真是千载难逢的机遇啊!来自各地的人们,全都来到这里旅行,博物馆售票处的窗口前,每天排着长长的队。

博物馆越是热闹,博物馆保卫工作越是高度紧张。他们得到情报,有一个文物偷窃集团,正想利用这个机会要对博物馆动手。为了加强保卫,保安们全部取消了休假,日夜巡逻着。

这一天下午,天刚好下着大雨,有一个偷窃犯买了门票,走进了博物馆。他宛如对每个展品都很感兴趣,看得特别认真,待了很长的一段时间。他其实是在察看地形。博物馆关门的铃声响了,游客们纷纷离开,偷窃犯却躲进了厕所里,爬到上面的水管上。深夜,他从厕所里出来,摸清了保安巡逻的时间规律。他乘保安两次巡逻之间的空隙,溜到一个展柜前,这个展柜内放着一只象牙杯子,那可是全非洲的一件珍宝啊!他打开橱窗的锁,拿走了象牙杯子,换上了一只假的象牙杯子,逃回厕所里。

第二天早上,博物馆开门了,旅行的人群挤了进来。偷窃犯从厕所里出来,混在旅行的人群里。没过一会儿,他假装参观完了,跟着人群向门口走去。天还在下雨,他打开了雨伞,这时候,一个保安拦住他问:"昨天晚上,你躲在博物馆里干什么?"保安为什么会看出他躲在博物馆里呢?

逻辑判断

外面正下着雨,雨伞应该是湿的,但是偷窃犯手里的伞却不是湿的。

让人不解的弹孔

民国年间,浙江温州市有个叫宋生的人,家里非常富有。他虽然已经60多岁了,但仍很贪心好色,又娶了杨家17岁的女儿杨霞为妾。杨霞天姿俏丽,又很会迎合宋生,赢得了他的欢心。因此,宋生整日和她在一起胡混,迷恋于酒色之中。

一天,是宋生的生日,亲朋好友都来祝寿,他还请了一个江湖艺人来表演。客人们拜别后,宋生让家人拿出了自个儿的手枪。他的枪法极好,只见他举枪瞄准了庭院东墙外头上的一只麻雀,"砰!"麻雀应声而掉在了墙外。家人宋小二急着要爬过墙头把麻雀取来,但是他刚搭木梯爬上墙头,就惊叫一声摔了下来。

"匪贼!不好了,匪贼来了!"宋小二大叫着。

这时,南面院门方向也传来喊声:"快来人啊!匪贼抢劫了!"

宋生顾不得多虑,拎着枪朝前院奔去。谁知他刚跑到前厅,正好看见匪贼,可他却先被一枪击中了,一声没哼,就扑倒在地上。匪贼逃走后,宋家人出来看时,宋生已经断了气。杨霞扑到宋生的身上,悲伤欲绝。

案子报到了警署。十几分钟后,警官李景欣来到宋家勘探现场,查验遗体。他发现匪贼来宋家犯事儿是有充实准备的,没有留下任何物证。末了,他来到遗体前,仔细地察看了死者的伤口。他发现宋生的脑袋上有一个贯穿弹孔,前面有鸡蛋大,背面有指盖大。他向家人问道:

"匪贼进到院子里来了吗?"

"进来了,还进到了楼内,你看,窗户都被砸坏了。"

"匪贼都抢走了什么东西?"

"都在这上面,请看吧!"杨霞递过来一张清单,上边列出丢失金银首饰上百件,另有许多衣物。

李景欣看过清单，眼睛一亮，对宋家人说："先把遗体安葬了吧!"他又对一起来的助手说道："你立刻拿这份清单去附近全部的当铺查问一下，看有没有去销赃的，若有立刻抓来。"

第二天，助手就在离城 20 里的一个当铺里发现了赃物，并抓获了一个可疑人。一过堂，那人就承认了自个儿去宋家抢劫的真相，但是不承认杀了人。

李景欣对助手说："本日晚上你去宋家杨霞的门前潜伏等待，见有一个青年人去宋家，就给我抓来，他便是杀害宋生的凶手。"

助手遵命，果然当天晚上抓到了一个相貌堂堂的青年人。一经过堂，青年人如实招供，案情明白。杨霞也被逮捕归案。

原来，这个青年人是宋家的仆役。因为青年英俊，被杨霞看上了。杨霞嫁给宋生时，主要是贪图宋家的产业。但是时间一久，她又悔恨了，老头子太没意思了。她就勾结上了这个仆役，让他花钱雇了一伙匪贼来宋家行抢，并乘宋生追查匪贼时，让仆役从背面开枪将其杀害。

李景欣是怎样断定杨霞与劫掠杀人案有关的呢？

逻辑判断

勘查现场时，李景欣接过清单，看到丢失了这么多的金银首饰，觉得蹊跷：从报案到现在不过十几分钟，宋家纵然真丢了这么多东西，也不会查得这么快，这里有假！验伤时，宋生脑部弹孔前大后小，表明子弹是从脑后射入的，这就更可疑了。宋生去追匪贼，怎么会被人从背面击中呢？他想凶手肯定是内部人。于是，他就让助手先抓住匪贼，麻痹真正的杀人凶手，然后通过审案，再将真凶抓获。

不可思议的推断

男护士被抢劫

一位男护士在街上遭抢，躺在医院里昏睡。离案发时间不到 1 小时，就有 3 个嫌犯被带到警局侦讯室。

黄克探长对第一个嫌疑犯李浩然说："李师傅，早上在天母东路发生了一桩抢劫案，一名护士被打昏在天玉公园入口附近。这个抢匪抢走了被害人的钱包。在天玉公园路口设了一台测速照相器。在案发 3 分钟内，相机照到 3 辆超速行驶的车子。这便是为什么你会在这里的缘故。李师傅为什么开这么快的车呢？"

"你好，警官。"40 来岁的李浩然干咳了几声，"我没有伤害任何人啊，我盼望那位护士能赶快好起来呀。我是个老实巴交的买卖人，我那个时间只是急着开车要去机场接客户罢了。我 6 时 30 分起床，不到 7 时就赶着出门了。"

第二名嫌犯是 30 岁出头的银行职员王富凯。"你说的行凶案跟我无关啦。"王富凯说道，"我前一晚带着女友去阳明山游玩，一大早得赶快把她送回家，省得被她家人发现。然后我突然内急，要到天母东路附近有麦当劳可以上厕所应急，所以车速大概快了一点。"

第三名嫌犯名叫陈明理，块头虽然高大，但根据他自个儿的说法仿佛是个温柔的好人。

"不是我干的，我不是那种欺负弱小的人。每次看到护士我都会问问有什么要帮忙的，我最尊重白衣天使了。"陈明理的口吻非常强硬，"我是北上来照顾我姑妈的。我照顾了她 4 天，见她好许多了，所以吃完早餐后我就急着开车回家了。"

李浩然的家人证实他是在 7 时之前出门的。王富凯的女友支支吾吾，但也承认了。陈明理的姑妈说词和她侄儿相符合，她还说她侄儿非常善良,连一只蚂蚁也不会去伤害的。

老黄寻思了一下子,然后笑着把其中两人释放了,留下一位再次带进了侦讯室。

你知晓老黄狐留下了谁吗?

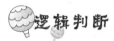逻辑判断

抢匪是李浩然。李浩然的一句话里有"先生"两字,可之前他们都不知道这是个男护士,所以他是抢匪的嫌疑最大!

搭车的坏蛋

一个酷热的夏天,莱克警长驾驶着警车,在大街上巡逻。再过一会儿,他就要下班了。心想,回家的路上,千万别忘了买一个大蛋糕,因为今儿个是他女儿的生日! 一想可爱的女儿,他的脸上流露出幸福的笑容。

突然,无线报话机响了起来:"莱克警长! 莱克警长! 第一银行发生抢劫案。案犯乘一辆红色轿车,向 A 公路驶过去了,车号是 3008,恳求支援!"莱克警长一听马上拉响了警报器,警车开足马力,闪电般的向 A 公路追去。

警车很快驶上了 A 公路。公路上的车辆不多,可并没有 3008 车号的红色轿车。前面便是路口了,但是向左转呢,还是向右转呢? 莱克警长放慢了车速,拿不定主意。此时,他望见路边有个小伙子,在朝他招手。警长把车停在他面前问:"你见到过一辆红色轿车吗?"小伙子说:"我刚想报警呢! 我在这里等着搭便车,刚才看到过来一辆红色轿车,我朝它挥手,但是它一下子就冲了过去,差点儿把我撞倒,我认为这车有问题!"

莱克警长问:"他们是朝哪里去的?"小伙子手指右边说:"是那边!这样吧,您让我搭个便车,我来给你带路,我在火辣辣的太阳下,已经站了半个小时了,太累了!"

探长让小伙子上了车,飞速往右边的路追去。小伙子舒了一口气,从口袋里拿出一块巧克力,用力掰下一半给莱克警长。巧克力很硬很脆,莱克警长咯吱咯吱嚼着,突然,他一个急刹车,对小伙子说:"你是同犯!"

凭什么莱克警长吃着巧克力,却发觉小伙子便是案犯的朋友呢?

逻辑判断

小伙子说在太阳下站了半天,巧克力怎么没有溶化迹象呢?其实他是故意搭警车指向错误的方向。

大力士死亡之谜

剧场里，正在演出一场杂技节目。下个节目便是铁汉的了，舞台监督让人去找铁汉做准备。正在这时，只见演员程华慌慌张张地跑了上来：

"不好了，铁汉死了！"

"在什么地方？"舞台监督和坐在身边的演职人员都霍地站了起来。

"在装道具的小仓房里。"

团长对舞台监督说："你先安排下一个节目上场，我去后面看看。"

程华带着团长等人朝小仓房跑去。

小仓房里，铁汉直挺挺地躺在地上，两只手紧紧地掐着自个儿的喉咙，脸上布满了痛楚的神色。

团长告诉人们不要进入现场，并命人立刻向警察局报案。

几分钟后，黄警长和几个警察坐警车赶到了现场，他们仔细地勘察了现场，发现现场除了铁汉的脚印外，另有两个人的脚印。然后，他来到团长跟前问道：

"是谁先发现案发现场的？"

"是程华。"

"让他来一趟。"团长让人快把程华叫来。

"是你看到铁汉被害的吗？"

"是我。"

"你把刚才见到的仔仔细细和我说说可以吗？"

"可以。"程华抹了把额头上的汗水，说道："刚才，台上有个背景架子松动了，我要到小仓房里拿根绳子把它捆绑一下。可是，我刚走到小仓房的门口，就听见里边有动静。我从门缝往里一看，吓得险些叫出声来。我看见铁汉正在使劲儿掐自个儿的脖子呢。我就进去使劲掰他的手，但是

不可思议的推断

他力气太大了,怎么也掰不开,就跑出来喊人。谁知当我把人找来时,他已经去世了。"

听完程华的话,黄警长哈哈大笑起来:"程华,我看你还是坦白从宽吧!你的帮凶是谁?"他厉声喝问。

人们惊奇万分,都把眼光会合到了程华身上。

"怎么怀疑到我头上了!"程华努力想掩盖自个儿的恐慌。

"那是你自个儿导演的结果。说吧,你和谁杀害了铁汉?"

在黄警长威严眼光的注视下,程华只得把和本团一个叫兰武的演员同谋害铁汉的真相说了出来。

原来,兰武追求铁汉的女友小梅。小梅喜好铁汉的淳朴,也倾慕兰武的英俊,因此心猿意马。为了得到小梅的爱情,兰武用钱贿赂买通了和铁汉关系较好的程华。他让程华骗铁汉喝下了掺有麻醉药的饮料,待药性发作后,兰武从暗处走了出来,按着铁汉的手,把铁汉掐死了。

黄警长是怎样识破程华的谎言的呢?

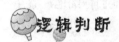

因为自己是掐不死自己的,而且人在昏厥后手会自然松开。

于氏双胞胎

秋天的一个清晨,有一位赵老师和往常一样去公园散步。他横穿公路时分外小心,见到绿灯亮了,才踏上了斑马线。

这个时候,一辆卡车闯红灯,从左边开过来,赵老师躲闪不及,被卡车撞倒。卡车司机不仅没有停车救人,反而加大油门赶快逃走了。

一个过路的人看到后,急忙打电话报了警。不久,两个警察赶到现场,急忙把赵老师抬到一辆救护车上,遗憾的是在送往医院的途中赵老师不幸去世了。

两位警察根据目击者提供的线索,在当天下午就找到了肇事司机于明。可于明却不承认他开车撞人。他说自个儿在一家汽车维修厂维修汽车,什么地方也没有去,大概是肇事者盗用了他的车号。问他在什么地方修车,他说这是个人隐私,没有说的必要。

从于明处出来后,警察小张对小王说:"事情就这样了的吗?"

"我看是假的,但是我们要找到证据。"小王说。

"对,我们到于明家去观察一下,大概会找到一些跟案子有关的东西。"小张说道。

他们两人来到了于明的家。于明的夫人很友好地接待了两位警察。刚坐下没过多久,两位警察就看见屋里有两个十一二岁的女孩子,竟然生得如此的相像。于是小张向于明的夫人问道:"这两个丫头生得真像,是不是双胞胎?"于明的夫人高兴地说:"这是我的一对双胞胎女儿,她们一个叫于聪,一个叫于慧。她们俩在一起的时候,一个总爱说谎话,一个总爱说实话。妹妹总爱说实话,姐姐总爱说谎话。"

小王就笑眯眯地问于聪:"你们是不是双胞胎呀?"

于聪笑着说:"我们俩不是双胞胎,但生日却一样,于慧是我姐姐。"

于慧抢过话头接着说:"不,我是她的妹妹。我们俩不是同一年同一月出生的,生日也不一样。"警察小王和小张听了她们的自我介绍,更加不明白了。但很快小张就把谁是姐姐谁是妹妹搞明白了。

立刻,小张就拉着于慧的手问道:"你爸爸在哪一家汽车修理厂修车,你知道吗?"

"不知道。"于慧说。

"你爸爸常在哪个地方修车,你知道吗?"小王问。

"知道。"于慧一脸的乖巧,"是在离我们家不远的灼烁汽车厂,我跟着爸爸去过好几次。"

不可思议的推断

"谢谢你!"小王和小张告别了于明家,就来到了灼烁汽车厂观察情况,一进厂就看到了那辆被举报的肇事车。他们立马查了里程表,发现数字表为0。这个时间汽车旁的一个案子上还放着扳手、千斤顶等工具。

"肇事者肯定是于明!我看应当对他拘留审察。"小张非常肯定地说。

"你有什么根据?"小王问小张。

"于明的车不是新车,是跑过路的车。也便是说,他就车里程表上的数字不可能是零。显然是作了假。"小张分析着说。

"怎么作假的呢?"

"你看现场,他还没有来得及处理证据。"小张接着说,"他用千斤顶把车托起来,再使车轮倒转,这么,里程表的数字就会不停地往回走,可以回到零。"

"他以为做得太聪明,反而暴露了自个儿。"小王开心地说。

"对!这就叫聪明反被聪明误。我们现在就可以认定于明就是肇事司机!"小张说完,两位警察不禁痛快地大笑起来。

那么,小张是怎么分析双胞胎之谜,并如何判定姐妹俩的真假话的呢?

逻辑判断

在通常情况下,人们都认为双胞胎是同年同月同日生。但是于家的这两位是特例,通过逻辑推理不难得出了她们俩分别出生在1月1日的零点前和零点后,恰好是在不同的两年、两月、两日出生的。也就是说姐姐于聪是在当年12月31日晚上12点之前出生的,妹妹于慧是在次年1月1日零点以后出生的。根据这个分析,小张就依据妹妹总爱说实话的习惯,查到了肇事车和肇事车主。

第四章　充满魅力的思维

船医之死

某天,私家侦探霍桑的好友巴布警长突然找上门来,一副没精打采的样子。

"警长,看你那表情,肯定是又遇到了无头绪的案子了吧?"

巴布警长回答说:"让你说对了,我想听听你的意见。"

"这次又是怎么样的一个案子呀?"

"万吨油轮的船医被杀的案子。"

这个案子霍桑已从报上得知了,万吨油轮"北星一号"满载原油,从波斯湾路经印度洋正在航行时,一天清晨,在船尾甲板发现遇害船医的遗体,是被匕首刺中了背部。死亡时间在晚上11时左右。

"找到凶器匕首了吗?"霍桑问道。

"没有,偌大个万吨油轮,要藏凶器哪儿还不能藏?"

"大概被凶手扔到海里了。"

"不管怎样说,案件发生在10多天前,我们动手侦破也为时太晚了。"巴布警长有些悲观。

"但是,在移动中的船上杀人,是一种密室杀人啊,凶手只有乘救生

— 103 —

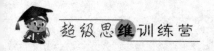

筏逃走,别无他路啊。"

"救生筏一只也没丢,而且水手一共是40名,一个也不少。"

"那么,凶手必在其中,有没有具备作案动机的人?"

"有两个人。"巴布警长从口袋里掏出本子边看边说道。

"一个是二等水手森姆,是个赌棍。出海前,不是扑克便是纸牌光输不赢,曾向受害人借了近50万元的债。"

"受害人一去世,这笔钱就不了了之吗?"

"嗯,恐怕是的,查过受害人的随身物品,没找到借据。"

"其他水手知道他借款的事吗?"

"好像都知道,听说船长曾告诫过森姆,说要是再这样赌,就让他下船。对水手来说,下船就等于被开除一样。"

"的确……那么另一个嫌疑犯是……"霍桑感兴趣地问道。

"报务员维柯。他是受害人的侄子,也是受害人唯一的亲戚,是遗产的承继人。"

"有多少遗产?"

"有一块很大的土地和房子。要是卖了的话,是一笔可观的钱哪。"

"维柯手头窘迫吗?"

"听说上个月在出海前出过一次交通事故,正苦于要付出一笔补偿费。"

"那么杀人动机是很实在的。"

"但是,光有动机而无物证是难以确定谁是凶手的。"巴布警长灰心地说。

"看你说的,证据不是很充足吗?"

"哦,什么证据?"

"遗体呀。"霍桑肯定地答道。

请问,凶手是谁呢?理由是什么?

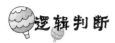

凶手是报务员维柯。因为只有他才有继承权。抛弃尸体,也就是说如果找不到尸体,在一定时间内(一般情况的失踪为 7 年)在法律上是不能承认死亡的。所以维柯为了能够快速继承遗产,就必须让人知道叔父已死,所以就故意把叔父的尸体放到甲板上,好让人们确认,以证明叔父已经死亡。

撒尿的狗

一天,梅格雷警官在一所住宅的后门发现一个可疑的男士。"你等一会儿再走。"梅格雷警官见那人形迹可疑便喊了一声。那人听到喊声,愣了一下,停下了脚。

"你是要偷东西吗?"

"您这是哪儿的话,我就是这家的人啊。"那人回答道。正说着,一条毛乎乎的卷毛狗从后门里跑了出来,站在他们身旁。"您瞧,这是我们家的看家狗。这下您知道我不是小偷了吧?"他一边摸着狗的脑袋一边说。那条狗充满敌意地冲着梅格雷警官汪、汪直叫。

"嘿!梅丽,别叫了!"

听他一喊,狗立刻就不叫了,马上快步跑到电线杆左右,跷起后腿撒起尿来。

梅格雷警官感到受了愚弄,拔腿向前走去,可他刚走几步,突然想起了什么,又急转回身不容分说地将那个男士逮捕了,嘴里还嘟囔着:"闹了半天,你还是个贼啊。"

那么,梅格雷警官到底是根据什么看破了小偷的计划呢?

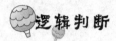

逻辑判断

梅格雷警官看到那条狗跷起后腿撒尿,便立刻看破了那个男士的谎话。

因为只有公狗才跷起后腿撒尿,而母狗撒尿时是不翘腿的,然而,那个男士却用"梅丽"这种女性的称谓叫那条公狗。若是,他真是这家的主人,是不会不知道所养的狗的性别。那么,他也就不会用女性称谓去喊公狗。

是男是女

时装模特儿戴尼娜小姐身段苗条且气度不凡,不光在英国家喻户晓,在全天下也很驰名。遗憾的是,她平常有些不检点,广交朋友,不分男女,有些不端正的家伙登门招惹她,她也不介意。

一个星期天的下午,邻居乔治想向她借剪刀,就按响了她房门的门铃。按了半天,也不见有人开门,只听见里面有哗哗的流水声。他想不会是出了什么事呢,就报了警。不久,来了警官马克雷加和罗勃两个警察。他们把门撞开,顺着流水声走进浴室,只见戴尼娜小姐赤裸着身体死在地上,淋浴头的水仍在流着。警官马上给法医挂了电话,法医就驱车赶来了。

法医一番勘察之后,认定她是被人用可乐瓶击中头部而死的,死亡时间推测在当天上午7时。邻居乔治说:"昨晚是星期六,晚上7时开始不停有人来戴尼娜小姐房里言笑跳舞。清晨就听见辩论声,但是听不清另一个是男是女。"

警官又勘察了房间,看到床上一片狼藉,床单一角已被掀起。马克雷加警官在室内踱了两圈后说："这一点是肯定的,她昨晚留某人在这里过夜了,不知什么原由两人辩论了起来,结果她被打死了。只是,戴尼娜小姐的朋友中有男有女,这两方面的人都得观察。"

谁都知道罗勃警官是个糊涂警官,这回他却体现得很老练。他果断地挥挥手说:"你真是个睁眼瞎子,真是个混蛋! 看一眼现场就知道是男是女了,你还有资格当警官吗?"

马克雷加警官被骂懵了,嚷着问:"你说说,是男是女?"

罗勃警官说:"这不是明摆着吗?"他用手指着浴室一角那个盖子和坐垫都翻在上面的抽水马桶说了一番话,马克雷加警官不得不折服罗勃的分析果断,马上开始对戴尼娜小姐的朋友进行调查,很快就破了案。你知道凶手是男的还是女的吗?

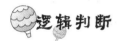 **逻辑判断**

使用马桶不用坐垫的是男士,所以能分辨出来。

名画失窃

爱德华夫人很富有,她一生最大的喜好就是名画收藏。在她的收藏品中,最宝贵的有 6 幅,都出自艺术大师之手。

爱德华夫人去世后,因为没有后代,她的遗嘱指定侄子霍德斯承继全部遗产,但是,在遗嘱中,她特别注明这 6 幅画只限于家属收藏,不可以出售及转赠。

霍德斯对艺术一窍不通,他也就不会花大价格来保管、收藏珍品油画了。他把大部门的藏品委托给拍卖行拍卖了,而遗嘱中规定不许出售的 6 幅名画则让他伤透脑筋,捐给博物馆呢,舍不得;本身收藏呢,但又不喜好。

这天,拍卖行委托大侦探波洛来鉴别委托藏品的真伪,波洛便来到别墅找到霍德斯。他按了好久的门铃,都没有人出来开门,他看了看,房门是半开着的,不由有些担心,便推门走了进去。

别墅里四周寂静,只有脚踩在地板上发出低沉的吱呀声。突然,波洛听到二楼传来敲击地板的声音,他马上跑上二楼,推开一扇极其沉重的木门,看到霍德斯被捆绑得严严实实,正在地板上垂死挣扎。

"怎么了?产生什么事了?"波洛赶快帮霍德斯松绑。

"那些混蛋!那帮歹徒!"霍德斯最后怒得脸都涨红了,他怒气冲冲地骂着,"约摸一个小时之前,一群歹徒打劫了这里!当时我正面对一幅名画欣赏,突然一把冲锋枪顶到我脑袋上,两个歹徒取下6幅名画。他们逼我把的那6幅画给他们。我没有答应。后来,我被枪托狠狠打了一下,醒来的时候就被捆绑上了!上帝啊,6幅稀世珍宝啊!"

波洛看了看霍德斯的脑袋，果然有被钝器敲伤的痕迹。他无奈地说："这些可恶的歹徒！那么，你有没有看到他们的长相？"

"我看到了。"霍德斯说道，"我从面前油画的玻璃框上看到，一个短胡子，两个……"

"霍德斯。"波洛打断了他的话，"看来不管是艺术还是说谎，你都是个外行。你这样做的目的是为了骗取保险金吧！"

聪明的朋友，你知道霍德斯露出什么破绽了呢？

逻辑判断

作为一个侦探，一定是一个博学的专家。一个稍微有常识的人都知道，油画是不用玻璃框装饰的。

谁割断的

一天清晨，斯凯岛上加入"海盗之行"的 9 名游客登上了"荣幸"号机帆船。9 名游客，5 男 4 女。4 位女客都已 50 开外。在 5 位男客中，亨利 26 岁，是伦敦一家药店的老板；49 岁的摩尔是开杂货铺的，业余的摄影爱好者，左腿微跛；50 岁的考克斯莱是一位出租车司机；匹克尔和莱斯特都已是 63 岁的老头，早已退休。他们此行的目的是效仿海盗，乘机帆船，循着海盗的踪迹，穿梭于赫布里奇群岛之间，到达摩勒岛 100 年前海盗的巢穴。

下午船靠岸了。9 名游客登上达摩勒岛，沿着一条小路走着，两旁是灌木丛林和长得一人高的杂草。"看哪，亨利，真想不到在这荒岛上竟然还长这种植物。"女游客海蒂拔起一棵像杂草样的植物给亨利看。

"这是什么植物？"亨利问。"你不了解它？"亨利摇摇头。"这是棵菖

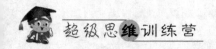
蒲,一种药草,可做药。"海蒂介绍道。

走了约 700 米,一座颓败的古堡赫然挺立在游客面前。"这便是海盗曾住过的土堡,你们有 15 分钟时间照相留念。"船长吉力尔介绍完后,便让游客走进古堡,和 4 个水手走进了一幢木屋里,坐在桌前喝酒。

17 时 02 分,船长和搭档们刚想离开,突然见屋外有个人影一闪,待他们跑出屋去,已不见踪影。回到古堡,时间是 17 时 10 分。此时,9 名游客已准时聚集在一起等他们了。

随后他们回到"荣幸"号上,等候着开船返航,却看到发动机供油管被人割断了。船长明白,肯定有人搞鬼,而此人就在 9 名游客当中。

那这人是谁呢?

逻辑判断

答案是亨利。根据有两条:一、亨利是药店的老板却不知道那个草药,说他是假的。二、在 17 时 02 分时,吉力尔船长见屋外有人影一闪,肯定是游客了,因为 4 位工作人员都在屋内。待吉力尔等人回到古堡,9 名游客全在。在短短 8 分钟内,这位游客要跑过杂草丛生的小路,上船把发动机油管割断,然后再回到古堡,一来一回奔跑约 1 400 米,这只有 26 岁的亨利,这样身强力壮的年轻人才能做到。

证人大杨树

贝利要出国办一件很重大的事情,就把家里的珍宝放在一个盒子里交给好友拉玛保管。

半年后,贝利回来了。他来到拉玛家里,要取回他存放在这里的珍宝盒子,可拉玛说:"什么盒子? 我怎么从来没有听说过呀? 再说,这么珍贵的东西你怎么可能放在我家里呢?"

"你……你……半年前,我不是在那棵大杨树下把珍宝盒子交给你吗?"

"什么大杨树?我从来没有到过这里。"

贝利见他这样说,知道他是想抵赖,他只好请郝伯特侦探破案。

拉玛见到侦探后还是说:"我一点也不清楚他所说的什么珍宝盒子。"

侦探便问贝利:"你是在什么地方,当着谁的面把首饰盒子交给拉玛的?珍宝有没有清单?"贝利把清单的副本交给侦探,随后说:"我给他首饰盒子时,旁边没有其他人,不过,我是在一棵大杨树下给他的。"

一会儿,侦探命令一位办事员:

"你立即到那棵大杨树下去一下,告诉他,就说我要他到这里做证。"

办事员走了。等了许久,那个办事员还没回来,侦探不耐烦地说:"这办事员真是会耽误时间。拉玛,那棵树离这有多远?""郝伯特探长,还早呢!那棵树离这里有五里远呢。"

探长说:"那我们就不用等杨树了,我肯定是拉玛拿走了贝利的珍宝盒子。"

你知道郝伯特是凭什么断定的吗?

逻辑判断

郝伯特叫办事员把大树叫来做证,是故意给拉玛看的,随后趁他放松警惕的时候,再让他随口说出大树的远近,这就表明他到过那棵大杨树下。拉玛说他从没有到过那棵大杨树下,只是他不想归还贝利的珍宝撒的谎。

旅游团的路线

某公司带领员工出去旅游,但是有条件方面的约束:

①若去 A 地,也必须去 B 地。

②D、E 两地只去一地。

③B、C 两地只去一地。

④C、D 两地都去或都不去。

⑤若去 E 地,A、D 两地也必须去。

想想看,怎么样合理地让大家去更多地方呢?

逻辑判断

(1)若去 A,则必须去 B 地;去 B 地,由③可知,则不去 C 地;又由④得知也不能去 D 地;再由②可知肯定去 E 地;这时再根据⑤可得知必去 A、D 两地。这样既去 D 地,又不去 D 地,产生矛盾了,旅行团不去 A 地。(2)若去 B 地,则不去 C 地,也不去 D 地,但肯定去 E 地,从而必须去 A、D 两地,这样,同样产生了 D 既去又不去的矛盾体,旅行团不去 B 地。(3)若去 E 地,由⑤可知必去 A、D 两地,这和②中的要求 D、E 两地只去一处是相互矛盾。因此,也不能去 E 地。(4)去 C、D 两地,可同时符合 5 个限定条件。旅行团最多只能去 C、D 两个地方。

小狱卒大智慧

一个狱卒每天必须认真看守着犯人,用饭分粥时,他必须安排他们的座位。已知犯人入座的规矩如下：

②一张桌子所坐的人数必须是奇数。

②每张桌子上坐的犯人人数要一样。

当犯人入座后，狱卒看到：

每张桌子坐 9 人，就会多出 8 人。

每张桌子坐 7 人，就会多出 6 人。

每张桌子坐 5 人，就会多出 4 人。

每张桌子坐 3 人，就会多出 2 人。

但当每张桌子坐 11 人时，就没有人多出来了。请问一共有多少个犯人？

逻辑判断

有 2519 名犯人。2519 分成 3 人一桌需 839 张桌子，多余了 2 人。2519 分成 5 人一桌需 503 张桌子，多余了 4 人。2519 分成 7 人一桌需 359 张桌子，多余了 6 人。2519 分成 9 人一桌需 279 张桌子，多余了 8 人。2519 分成 11 人一桌需 229 张桌子，就没有多余了。

回答的秘诀

艾伯特老师在报纸上看到了一个自行车的广告，自行车很时尚，并且也很合理的价钱，每辆自行车的价为 60 美元。他根据报纸上登载的广告，找到了那家自行车车行。

售货员根据艾伯特的要求，为他推来了一辆自行车。这辆自行车的外形和广告上的相差无几，只是没有了车灯。艾伯特问售货员为什么没有车灯，售货员跟他说，他们订的自行车不包括车灯，车灯要另付费。艾

伯特老师认为这是一种欺诈，就和售货员理论了起来。这时，售货员说了一句话，艾伯特立刻不再辩论了。

你知道他到底说了什么呢？

逻辑判断

自行车销售员说的是："我们的自行车旁边还有一个美女呢，难道美女也给你？车灯也是一样的道理啊。"

检验的方法

某玩具生产企业，专门生产儿童玩具。有一个时期，商家订购了一批儿童玩的小球,这种小球一盒装 4 个。在质检过程中,工作人员找到有一盒小球不合格,因为里边有一个次品。

要是用天平称,也可以查验小球的重量。要知道次品小球的重量要比合格品的重量大一些。要是让你用天平只称一次,你能知道哪个小球是次品吗?

逻辑判断

把该盒小球中分两份置于天平两端,有次品的那端肯定重。然后在天平两端各拿走一个小球。要是这时天平是平衡的,那么刚才重的那端查验出来的小球是次品;要是天平还是不平衡,那么现在重的那端的小球是次品。

加 油

小陈和小王开着各自的轿车一起去兜风。返回来的时候看到每辆汽车只剩下可以走 3 千米路程的汽油,可他们距离加油站还有 4 千米,又没有东西可以把一辆汽车的汽油加入另一辆汽车内。但是,最终他们还是到达了加油站。

那么他们到底是怎样到达的呢?

逻辑判断

其实,一点都不麻烦,只要开动头脑思维,完全可以轻松搞定:先用一辆汽车牵引另一辆汽车行驶,当一辆汽车的汽油用完后,再由另一辆汽车牵引连续行驶。

逃亡之路

　　罗特、鲍勃、卡卡三人被诬陷入狱,囚禁在一座塔楼上。塔楼上除了有一个窗口可用于逃离外,再无其他出路。现在塔楼上有一个滑轮、一条绳索、两个筐、一块重30千克的石头。只有在一个筐比另一个筐重6千克的情况下,两个筐才可以互无妨碍地一上一下。

　　已经知道的条件是罗特的体重是78千克,鲍勃的体重是42千克,卡卡的体重是36千克。

　　问题是,这三个人怎么样借助塔楼上的东西逃离呢?

逻辑判断

　　三人要逃离塔楼并不是一件容易的事情,须慢慢的几个步骤。步骤一:先用人力将石头渐渐放下。步骤二:卡卡下,石头上。步骤三:鲍勃下,卡卡上。步骤四:石头下。步骤五:罗特下,鲍勃和石头上。步骤六:石头下。步骤七:卡卡下,石头上。步骤八:鲍勃下,卡卡上。步骤九:石头下。步骤十:卡卡下,石头上。最终步骤:石头自然坠下。

机智的费罗娜

　　费罗娜虽然是个公主,但身世很悲凉,她的父母都被别的一个国家的人杀害了,而她在一些军人的掩护下突出重围,逃到了非洲的海岸。

　　费罗娜带了一些金币登上海岸,拜访了酋长,她对酋长说:"我们都是失去祖国的逃难人,请容许我们在您神圣的国土上买一块土地生存吧。"

酋长见只有几枚金币,便轻蔑地说:"才这么一点金币就想买我们的土地?这样吧,我卖给你一块只能用一张牛皮围出的土地。"

每人听了都很沮丧,但是费罗娜公主却说:"我们不必丧气,我肯定会用牛皮围出一块面积很大的土地。"

结果费罗娜真的做到了。你知道她是怎么办到的吗?

 逻辑判断

把野牛皮割成小细条,再把它连续起来,圈出的地那就是很大的面积了。

达尔文的机智

某天,生物学家达尔文参加一个聚会。当时,他的生物进化论并没有被人们所接受,在这种大型的聚会场所中,每每都会受到别人的刁难。

在这次宴会上,当然也是一样。一位长相貌美的小姐,走到达尔文面前,微笑着问道:"达尔文老师,听说你的理论上说人是由猿猴变来的,我也是这样的吗?"

这位小姐话一出口,就引来许多人的关注。这位小姐是晚会的"皇后",很受人们的欢迎。达尔文想,要是说"是"的话,势必要遭到众人反对的,但倘若说不是,那明显是违背了理论。他思量了一下,做出了聪明的回答。

你知道他到底是怎么样回答的呢?

逻辑判断

达尔文的回答非常幽默,他说:"每个人都是从猿人进化而来的,但是我觉得您是由一只十分迷人的猿进化而来的。"

女儿的岁数

一个经理有 3 个女儿,3 个女儿的年岁加起来等于 13,3 个女儿的年岁乘起来等于经理的年岁,有一个下属已经知道经理的岁数,但仍不能确定经理 3 个女儿的岁数,这时经理说只有一个女儿的头发是黑的,然后这个部属就知道了经理 3 个女儿的岁数。经理 3 个女儿的岁数分别是多少？为什么？

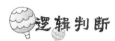

逻辑判断

显然 3 个女儿的岁数都不可能是 0，要不爸爸就是 0 岁了，因此女儿的岁数都大于或等于 1 岁。这样可以得下面的情况：$1 \times 1 \times 11 = 11$，$1 \times 2 \times 10 = 20$，$1 \times 3 \times 9 = 27$，$1 \times 4 \times 8 = 32$，$1 \times 5 \times 7 = 35$，$1 \times 6 \times 6 = 36$，$2 \times 2 \times 9 = 36$，$2 \times 3 \times 8 = 48$，$2 \times 4 \times 7 = 56$，$2 \times 5 \times 6 = 60$，$3 \times 3 \times 7 = 63$，$3 \times 4 \times 6 = 72$，$3 \times 5 \times 5 = 75$，$4 \times 4 \times 5 = 80$。因为下属知道经理的岁数，但仍不能确定经理 3 个女儿的岁数，说明经理是 36 岁（因为 $1 \times 6 \times 6 = 36$，$2 \times 2 \times 9 = 36$），所以 3 个女儿的岁数只有两种情况，经理又说只有一个女儿的头发是黑的，说明只有一个女儿是比较大的，其他的都比较小，头发还没有长成黑色的，所以 3 个女儿的岁数分别为 2、2、9。

英语四级

某班四级英语测验结束以后，班里的许多同学就测验结果做了如下推测：

甲：全部的人都过了。

乙：班长没过。

丙：肯定有人没过。

丁：不会全部的人都没过。

要是上述推测中，只有一项是失实的，那么是哪一项呢？

A. 甲猜错了，班长没过。

B. 乙猜错了，班长过了。

C. 丙猜错了，但班长过了。

D. 丁猜错了，班长没过。

E. 甲猜错了，但班长过了。

哪项是对的呢？

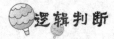逻辑判断

　　甲的话和大家的话都有矛盾，根据"只有一个人的话是真相"的题意，故，甲是错的，其他人的话都对了。乙可以知道班长没有过，但丙和丁的话，并不能得出新的结论，因此 A 项是对的。

不一般的逻辑题

　　古时候有一个监狱长也很喜好逻辑学，监狱里关押着 100 名犯人。下面是他给犯人们出的逻辑学题：

　　监狱长对他们说，我给你们一个释放的机遇，但是你们必须要做对我要求的事！一会我将从你们当中随机地抽出多少人，然后给这些人戴上帽子，帽子分 3 种：红、绿、蓝。每个人都无法看到帽子，但是可以看到其他人的帽子颜色。然后这些人走到操场上，帽子一样颜色的人分别站成一排，要是有人站错了排，全体犯人将被重新关押，失去释放的机遇。要是全部站对了，那么将全体获释！等帽子戴上后，任何人都不能交换，也不能用任何肢体语言将信息转达给别人，否则全体处死！给你们 5 分钟的时间研究。5 分钟后开始选人戴帽子！

　　要是你是这些犯人之一，你能想到做一个逻辑学方案以得到释放吗？

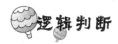

让前3次被监狱长选中的3个犯人站在三角形的3个点上,以这3个点为基准,其他当选中的犯人站在3人左右(使之形成一个三角形,任何一边的人都可看到别的两边),除这3人外其他人与这3个人进行调解:要是3人中有两人帽子颜色一样,那么,其他人根据一定序次依次与两人中的一人互换位置,直到3人头上帽子颜色不一样!("3人同色"的同理,要是这些犯人好运3人互不一样的颜色的话就不做这步)(除了被换,3人不动);接着开始"换色"(好比:站在以"基准点为红帽子"的人去其他两边找戴红帽子的人互换(两者位置互换),依此类推(换到肯定程度,基准人就晓得自己头上戴什么颜色了)。虽然另有两种特别情况:1.有两边已排完还剩下几个颜色一样的排在其他基准点的队伍(因为戴这种颜色帽子的人大概多)这时只要让这种颜色的基准人(作为基准点的人)去换他们,换完后再返回来就行了;2.其他都排完,还剩下几个戴差异色帽子的人在其他基准点站队,那么让对应这种颜色的基准人去换他们,再返回来就行了。

命 令

罗布国国王的王妃被狗咬死之后,国王很伤心。他想杀了天下全部的狗,来发泄心中的痛楚,但是一想到爱妃生前很喜好狗,倘若把全部的狗都杀死,地府之下的爱妃肯定不会原谅自己的。但是,国王真的很讨厌再看见狗。因此,他给宰相下了一道此令,让天下的狗都消失。并且他另有附加条件:不准杀害一只狗,也不准将这些狗充军。要是违抗下令,宰相必须死。

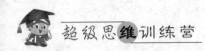
每人都以为这根本是不可能办到的事情,但聪明的宰相还是将这件事情做好了。他到底是怎么做到的呢?

逻辑判断

宰相便是把分布国全部的狗都行了阉割手术,于是它们就不能生小狗了,等这批狗老死以后,全国就不再有狗了。这样宰相既没有杀一条狗,也没有充军一条狗,不算违抗君令,并且也完成了任务。

皮箱木材

20世纪30年代中期,香港茂隆皮箱行生产的皮箱因为货真价实而买卖昌盛。他们的皮箱不仅占据了香港的市场,还畅销东南亚,各国的订单源源不停。这引起了英国的同行贩子威尔士的妒忌,他发誓要搞垮茂隆皮箱行。

一天,他来到了茂隆皮箱行,郑重其事地订购了 3 000 只皮箱,总价20 万元港币。按条约规定茂隆皮箱行必须在 1 个月内交货,逾期不交或不能按质按量交货,由卖方补偿货歉 50% 的违约金。

茂隆皮箱行立马开始抓紧时间生产,不到 1 个月,茂隆皮箱行就制作了 3 000 只皮箱。当茂隆皮箱行的经理冯灿带着皮箱准备向威尔士一手交货,一手取钱时,意料不到的事情产生了:威尔士不以为然地打开了几只皮箱看了几眼,指着皮箱里的木条,怒气冲冲地叫唤起来:"我们订购的是皮箱,现在皮箱中竟然有木料,这还能叫皮箱吗?你们必须补偿我的损失!"

无论冯灿怎么说明,威尔士就是蛮不讲理。并且,威尔士仗着自己是英国人,香港那个时候是英国的殖民地,威尔士反而向法院提出起诉,要求茂隆皮箱行按照条约补偿损失。

港英法院偏袒威尔士,试图判冯灿诈骗罪。冯灿在绝路的境况下,就请了一位名叫罗文锦的律师出庭辩护。

法院开庭后,威尔士表现出不可一世,非常跋扈,说了一大堆冯灿应该补偿损失的理由。这时,只见罗文锦律师不慌不忙地从律师席上站了起来,胸有成竹地从口袋里拿出一块亮晶晶的大号金怀表,高声问法官:"法官先生,请问这是什么表?"

法官看了一眼金表后说:"这是一块英国伦敦出品的金表。但是,这与本案有什么干系呢?"

"绝对有干系!"罗文锦说,然后高举着金表,对着法庭全部的人问道:"这是金表,没有人怀疑吧?我也知晓这是块金表,但是请问,这块金表除了表壳是镀金的以外,内部的机件难道说都是金制的吗?"

"那还用说,绝对不是!"坐在下面旁听的人说。

"这不是全金的表,那么,人们为什么又把它叫做金表呢?"接着,罗文锦又说出了一段话,让法官马上就傻了眼。而威尔士也顿时默不作声,像泄了气的皮球,瞪着眼睛说不出话来。法官在大庭广众之下,只得宣判冯灿无罪,威尔士诬告冯灿犯了诬告罪,被判罚款5000港币。

罗文锦律师说了一段什么话,就让案子翻了过来呢?

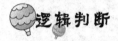 逻辑判断

镀金的表都能称作金表,那皮箱未必就全是皮质的了。

谁是凶手

20世纪90年代,××市的一个名片社出现了一起庞大抢劫杀人案。两名女业务员当场被杀,现金12万元被劫。作案时间大约在下午1时左右。可巧的是这天中午有个职工完婚置办酒席,除那两名看门的值班员外,别的职工中午都被请去赴宴了。中午名片社没有业务,留下的两名值班员把门关上后就在里看面电视。等到下午2时吃完酒宴的职工来上班时,才看到凶案。警察来到现场勘查,发现案犯非常淘气,现场没有打架痕迹,门窗也没有破坏,没有留下任何可以破案的证据。警察怀疑是内部人员所为,但内部别的职工都去赴宴了,都可以相互证明,任何人都没有作案时间。这时名片社主任对警察说,另有一个职工没有去加入婚礼,他叫胡文兵,正在休假,已经有4天没有上班了。

第二天,警察小陈和小孔敲响了胡家的房门。小陈开门见山地对胡文兵说:"你们社里出事了,听说了吗?"

"哦,我刚下汽车就听说了。"胡文兵说,"我这些天休假,在家待不住,昨天早上去了××市,晚上就住在三八旅店,今天上午才返回家中。"

"你昨天去××市,有人和你在一起吗?"小陈看,望着胡文兵的脸问。

"你们说是我做的了?我这里有车票、住宿收据,你们看。"胡文兵边说边气呼呼地把车票和过夜费收据掏出来,"昨天早上6时我就上了汽车,是9时到了××市,在××市到处逛了一整天,晚上6时就住进了旅店。"

小陈看着单子:一张昨天到××市的车票,一张昨天××市某旅店的住宿收据。一张××市返程汽车票。由于售票员的粗心,全部的车票只写了日期却没有注明班次时间。

小陈笑着说:"你别急,我们也是例行公事!"说完就回到了公安局。

"你看胡文兵有没有可疑的地方?"在公安局里,小陈边看电视边问小孔。电视里正在播报本省消息:"……昨天早上××市突发龙卷风和大暴雨,城区和公路多处被大水吞没,外地进××市路段积水一米多深,车辆被堵达两个小时,到10时才通车……"小孔和小陈眼睛一亮,险些同时脱口而出:"就是他……"

你知晓犯罪嫌疑人是谁吗?

逻辑判断

犯罪嫌疑人就是胡文兵。他所说的时间正是××市发生龙卷风的时候,所以他所说的一切根本就是假的。

染上血迹的树叶

一天,某市一家工厂的电话接线员王玉萍摔死在工厂的楼下,警察王伟接到报案后,立刻带着助手袁明赶到了现场。两人到现场一看,只见二

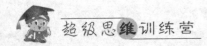

层总机值班室的窗户大开,接线员显然是从楼上摔下来的,手中还抓着一条湿抹布。二人来到楼上一查,电话总机值班室的暗锁和插销都完好无损。两人又来到楼下,只见越来越多的围观者都在窃窃议论着,一些人还大声地说接线员肯定是在上面擦洗窗户时不慎失足掉下来死了。

莫非王玉萍真的是摔死的吗?王伟就让袁明到群众中去,自个儿则开始细细地勘查现场。

王伟先查验了楼上办公室的门,接着又来到楼下,很快在一楼外窗台上发现了一片树叶,这片树叶引起了他的注意和疑惑。他轻轻地把树叶拿起,细细地观察,发现树叶上有一小块红点,他认为这个红点肯定是血迹。

这时,助手袁明走了过来,向他说道:"老王,与死者认识的人向我反映,近几天她根本没有什么反常表现,我们可以排除自杀的可能性。还有大伙儿反映,死者生前作风正派,群众关系非常好,他杀的可能性很大。"

"小袁,你的观察和分析都有理由,但是,我报告你,我发现了一个非常重要的证据,我估计可以证明死者是被谋杀的。"

说完,王伟就把那片带有血迹的树叶拿到袁明的面前。他让袁明看了一下后,就对袁明说道:"我们现在分头查案,你去观察王玉萍的家庭环境,我去局里对树叶的血迹与死者的血型进行化验,看看它们是不是吻合。"

两个警察立马就开始了侦查。仅仅一天光景,先是袁明的观察结果出来了:原来王玉萍与丈夫的关系非常不好,她的丈夫一直在找借口离婚,可王玉萍始终不同意,所以,她的丈夫有作案动机。之后,王伟的化验结果也出来了,化验证明,树叶上的血迹与死者血迹完全符合。两项观察一综合,王伟认定,死者的丈夫疑点最大,王伟和袁明将死者的丈夫刘文带到了派出所,审讯之后,刘文交代了案件真相:那天晚上,刘文趁王玉萍一人值班之机,悄悄地进入电话室,乘妻子不备,将王玉萍杀害,然后伪造了因擦玻璃不慎落地的现场。可他万万也想不到,尽管他绞尽脑汁伪造了现场,但还是被王伟从一片树叶上的血迹发明了证据。

那么王伟是如何从树叶上的血迹就可以看出来此案是谋杀呢?

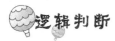

一楼外窗台上那片树叶上的一滴血迹,说明是他杀。假如是不慎失足坠到地面上以后出血的,那么血迹就不会落到上面的窗台上了。

错误的报时

星期日的早晨,一位批评家在他的书房里意外死亡了,他胸部中了两枪,倒地而亡。因这个人是一个人独居,遗体是早上用人打扫时才被发现的。

亨利探长在现场了解到周围的居民没有听到枪声。他问法医人员:"死亡的时间确定吗?"鉴定人员说:"大概昨晚的 8 时 20 分。"正在鉴定人员答话时,挂在书房墙上的鸽子报时钟"咕咕咕"地响了,挂钟里的鸽子从小窗中探出头报点 10 时。

"没解剖遗体怎么知道得这么确切?"

"我们到这儿时,收音机还开着,录音键也按着。将磁带转到头一放,录的是巨人队和步行者队决赛的比赛音频。"

鉴定人员按下了桌上录音机的放音键,传出了比赛现场的转播声。亨利探长一边看手表,一边听着,然后他斩钉截铁地说:"不,受害人不是在这个书房而是在别处被杀的!"

"那怎么会呢?"鉴定人员不解地问。

"凶手是在别处一边录收音机转播的声音,一边枪杀受害人的,并且不光是将遗体,还将这台录音机也一块儿搬到这个书房里,伪装成这是第

不可思议的推断

一现场。"

"但是,探长,这盘磁带我听了两遍了,这样的证据在磁带里并没有啊!"

"那你就再听一遍看看,有一种声音录音中没有,因此,书房绝不是杀人现场。"探长又打开录音机,放比赛实况给他听。

朋友,你知道探长指的是哪种声音呢?

逻辑判断

是时钟报时的声音。如果是在书房被杀,那么应该有时钟的声音,但是没有。这表明凶手是在别处一边录音,一边枪杀受害人的。

厨房凶案

一幢洋式小红楼,二楼的客厅里,周彪正在宴请刘岱。他们是师徒关系,周彪是师傅,刘岱是徒弟。现在,奶黄色圆桌上已摆好了几样凉菜和一瓶老窖。

"来,喝吧。"周彪端起了酒杯。

"哎,等等,嫂子呢?"

"她在厨房。"周彪放下酒杯,递给刘岱一支烟,然后朝楼下厨房喊道,"姚云,菜炒得怎么样了?"

从厨房里传来了哐哐的剁菜声和一个女人的声音:"你先吃吧,我就来。"刘岱听出了是大嫂姚云的声音。

"来,喝吧。"师徒两人对饮起来。

"这是好酒。是你大嫂特意为你购买的,来,别撂筷子啊。"周彪不住地劝酒。

"嗯嗯,真是好酒,清纯适口。"刘岱虽喝不出个好赖,却还是连声应着。两人正喝在兴头上,突然,楼下传来了骇人的惨叫声。

"不好!"周彪惊叫着。"通通通"跑下楼去,刘岱也跟着跑了下去。

厨房里一副惨状,目不忍睹:姚云仰卧在血泊中,胸口正中插着一把尖刀。

周彪悲伤欲绝,但很快又平静下来。他对刘岱说:"小刘,你替我照看现场,我去报案。"

很快,市公安局刑警队长翟勇和侦察员小金驾驶着摩托车赶到了发案现场。翟勇和小金仔细勘查了现场,进行了遗体照相,并询问了周彪和刘岱。

"姚云是什么时候被害?"翟勇问。

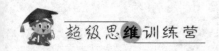

“刚才,超不过10分钟。”刘岱抢着回答。

“你们进到厨房时,凶手已经逃走了,是吗?”

“对。”周彪和刘岱同时答道。

“被害人那个时候已经死了吗”

“嗯,我看见血流了满地,姚云一动没动。”刘岱说完,把眼光投向周彪,仿佛是让周彪肯定一下自个儿的答案。

周彪没有答话,双眉依然紧蹙着。

听刘岱谈到血流满地,翟勇又俯身凝神注视着遗体下面的血迹。

“血泊?噢……”

翟勇蓦地一喜,但表面却未露声色:“小金,你和他们上楼去,把案情报告填上,我再勘查一下现场。”

3个人来到客厅。周彪擦去挂在腮边的泪珠,沏了两杯龙井茶,端到他们两人面前。刘岱正欲抚慰周彪,突然,从楼下厨房里传出了哐哐的剁菜声,接着是一个女人的声音,“你先吃吧,我就来。”

刘岱听出这正是姚云的声音,不由得毛发竖起,“见鬼了,岂非……”

就在这时,周彪飞身踪出门去,正迎着上楼的翟勇。周彪一个饿虎扑食,直向翟勇压下去,只见翟勇机灵地一闪身,周彪“扑通通”滚下楼去。还未等周彪爬起来,紧跟而下的小金就把手铐一下扣在了周彪的手腕上。

这一切,使刘岱惊讶不已。当他望见到翟勇从厨房取出一台录音机时,又仿佛明白了。

在审讯室里,周彪交接了自个儿厌旧喜新,杀死妻子的恶行。

翟勇是怎样进行推理破案的呢?

逻辑判断

周彪和刘岱听到惨叫声就往厨房跑,最多用十几秒钟,这么短时间怎么能变成血泊?因此,翟勇断定:现场是假的。后来,翟勇又在现场找出了录音机,这就证实了他的推断。由此,他又继续顺水推舟,认为最有条件作假现场的人只有周彪,而能够证明周彪在犯罪时间不在犯罪现场的人只有刘岱,而刘岱又恰是被周彪请来做客的。翟勇因此认定谋杀姚云者就是周彪。

会计被抢案

有一天夜里,江家村出了一起抢劫案,村会计大柱子去信用社取2万元贷款,在路上被劫,大柱子被砍伤。

乡派出所所长老赫接到村治保主任老齐的报告,立刻和民警小董赶赴现场。发案现场就在前面不远的村口。老齐已经等在那边,老赫借助手电筒薄弱的光芒在地上细细地看着,但是除了有一些混乱的脚印行踪外,别的一无所获。

"人呢?"老赫问。

"回村了。"老齐回答说。

"走,进村看看。"三人向村中走去。

他们来到大柱的家里,见大柱闭着眼睛在炕上躺着,头上包着纱布。大柱的爹妈都守在左右,眼睛里充满了害怕的情绪。

听闻派出所来人了,大柱睁开眼睛,费力地坐起来。

"你能把贷款被抢的事情跟我们讲讲吗?"

"可以。"大柱不知道是因为受了惊吓,还是因为什么别的缘故缘由,这个时候脸色苍白,眼光迟疑不定,他稳了稳口吻,缓缓地说道:

"今儿下午,村里派我去信用社提取贷款。当我取出贷款后,一个老同学叫住了我,让我去他家坐一下子。我们好久没见面了,他非得留我吃了晚饭再走。盛情难却,我就没有推辞。我怕身上带着这么多钱出事,吃了饭就离开他家往回走。谁知走到离废墟不远的地方,有个人从路边窜了出来,照着我的脑袋便是几刀。他把我打倒在地,抢走了钱,还要抢走我的那顶帽子呢。那帽子是我爹刚给我买的,还没戴几天,我没放手,气得那人又在我手臂上划了一刀,然后跑了。"大柱子说完,要把手臂上的纱布解开给老赫他们看。

"不用看,不用看。"老赫着急止住了大柱子,但他的眼睛却又盯住了墙上挂着的那顶帽子:"你戴的就是这顶帽子吗?"

"对啊,就是这顶帽子。"

老赫没再说什么,和小董老齐离开了大柱家。路上,小董泄气地说:"这案子可真是不好破,现场什么也没留下,被害者又提供不出犯法分子的任何特征,唉……"

"可我已经知道是谁把贷款抢走了。"老赫仿佛漫不径心地说。

"谁?"老齐和小董齐声问。

"今晚派你们执行一个任务,到时候你们就知道了。"

果然,当天晚上,老齐和小董就把报假案妄图私吞贷款的大柱抓到了。

原来,大柱结婚急需钱用,正巧村里派他去取贷款,他就在回来的路上用事先准备好的尖刀砍伤了自个儿的头部和手臂,假报了抢劫案。老赫是怎样看破这个假象的呢?

逻辑判断

老赫在大柱家询问中看到了一个可疑的地方,就是那顶呢子帽。他发现大柱除了手臂的一处伤外,另两处伤都在头顶部。但是他认真查看了墙上挂着的帽子,没有刀口,干干净净。在那个紧急的时候,歹徒还能容大柱把帽子摘下来再砍他吗?因此,老赫认定是大柱自报假案。他预计,倘若真的是大柱自报假案,那么他今晚肯定要把贷款转移到另一个的地方。他就让老齐和小董暗中监视大柱家的动静。果然,老赫离开没过多久，大柱就来到院子里的老榆树下，用铁锹挖了个深坑。当他正要把那捆用塑料布包好的贷款放进坑里，就被人赃俱获了。

投毒的凶手是谁

一家旅店里有许多客人在清闲地喝着香槟。中间的一张桌子上，三个男士正在谈笑风生。正在这时，酒馆内灯光突然灭了，到处一片暗中，原来是停电了。酒馆老板急忙叫人点燃了蜡烛。点燃蜡烛后，人们继续喝酒交谈。突然，中间那张桌子上的一位男士惨叫一声，倒在地上，气绝身亡了。

酒馆里出现如此重大的案件，这可了不得！酒馆老板急忙叫人报了

警,并很快维持了秩序,不让人们走动,更不让人离开。

很快,大侦探希尔赶来了。他勘查了死者的酒杯,找到酒里有一种烈性的液体毒药。希尔知道,这种毒药一经食入就立即置人于死地。

希尔问旅店老板:"今晚停电你们事先知道吗?""知道,前两天就在旅店门前贴了通知,我早有准备,这不准备了许多蜡烛。"这样一看,凶手是早有预谋的,他知道今晚要停电,便准备了毒药,在停电的瞬间把毒放进了死者的杯子。而死者都不知道,喝了杯中的酒,从而致死。

希尔问清了案发的时间,又查看这张桌子与其他桌子的距离,再勘查四周地面,地上是没有可疑的物品,便断定凶手是同桌的人,否则不能在一瞬间投毒。于是,希尔要求同桌甲和乙掏出他们全部的物品。甲掏出的物品有:手表、手帕、香烟、火柴盒子、现金;乙掏出的物品有:手表、手帕、口香糖、金笔、日记本和现金。

人们心想,这能看出什么呢?但是,希尔却指着乙说:"是你杀了他!"乙听了大喊冤枉,其他人也以为很稀奇。希尔为什么说是乙杀害了死呢?

逻辑判断

凶手是要用什么东西把毒液带来,而盛毒的容器没有被扔掉。看到物品之中只有乙的金笔可以装毒液。凶手是把毒液也藏进了金笔的软囊之中了。

瓮中捉鳖

一天深夜,公司的门卫老曹正在值班室打盹,突然他被砸玻璃的声音惊醒了。这个时候有人打开了仓库的卷闸门锁,并用手里的撬棍砸碎了里边的玻璃门,正要进库盗窃。老曹拿起一根铁棒悄悄地跟进去观察动静。他看到那人背形身高大的,手里拿着撬棍,心想,自个儿身单力薄年岁又大,硬拼不仅不能把盗贼抓住,可能连自个儿的老命也要搭上。可若按惯例拨打"110"电话报警,又担心时间来不及了,他一时急得满头是汗。

老曹在这家公司做事已经许多年了,可以说对这个仓库的布局很熟悉,就在情急之中,他猛然想起,这间仓库是由原来的车库改装的,三面都是墙壁,没有窗户。

逻辑判断

老曹扭身跑到了仓库的卷闸门外,猛然将卷闸门向下一拉,关紧了。然后用手里的铁棒卡住,并敏捷掏出手机拨打了"110"。"110"巡警及时赶到后,来了个胜券在握,轻松地将那盗贼抓住。

被杂交的鲜花

布朗是一位荷兰花农,他独辟蹊径,从非洲引进了一种世上稀有的名贵花卉,在自个儿的花圃里试养。

第一年,他就得到了很大的成果,这些稀有的名贵花卉轰动了整个花卉市场,人们竞相购买,布朗也因此赚了一大笔钱。到了第二年,布朗满怀信心地扩大了繁殖,渴望有更大的功劳。但是事与愿违,他发现新培育的花卉没有上一年的好,开出的花朵上居然另有不少杂色。所以,这一些花卉上市以后,销量很少。

布朗很不明白,难道这种花卉只能旺盛一年,第二年就退化了?他怎么也不得要领,就去请教一位学植物学的朋友。朋友来到他的花圃里,仔细地观察了一番,然后问他:"你四周的邻居都种了一些什么花?"

"邻居们?"布朗不认为然地回答说,"他们种的都是本地的品种。"

"这就对了,"他朋友肯定地说,"虽然你的花圃里种满了非洲的名花,但是你的邻居却都是本地的花卉,这一些花已经明显地被本地花卉杂交了。"

"什么? 被杂交?"布朗吃惊地喊起来。

"是这样的,"朋友说道,"是风把花粉传过来的。"

布朗也认为很有道理。"但是,谁也没有办法阻止风的流动啊。"布朗说得没错。他的朋友陷入深思,该怎么才还原这一些名花的本色呢?他看着四周邻居的花圃里一些本地花卉,突然想到:我们没法子改变风这个自然现象,但我们可以调整人的作为,于是,他对布朗说:"你可以让你的邻居们一起来种植这些花,问题不就解决了吗?"

布朗一听,认为这个办法很好。第三年,他的花果然依然姹紫嫣红,分外妖娆。

逻辑判断

当我们在想改变事物本身时,不如打破成规,从事物的另一个角度云发现,可能会让你得到意外收获。

别开生面的面试题

一家星级旅店招聘客房服务生,前来应聘的人很多,招聘者出了一道面试题:

"一天,当你走进客人的房间,正遇一位女客人刚刚沐浴出来,身上一丝不挂,你应该怎么办?"

一些人答道:"对不起,小姐,我不是存心的。"另有一些答案是:"小姐,我什么都没有看见。"

面试官听后都摇摇头，对那几个应聘者的答案都不满意。就在面试官不再抱有什么希望时，最后一个应聘者轻声说道："对不起，先生！我不是存心的。"面试官听到这个答案，非常满意，因为明知对方为女士，却称其为先生，这不止消除了自个儿的难堪，也为对方带来了转移，可谓机变有术。不用说，这位应聘者入选了。

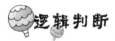

逻辑判断

人在遭遇尴尬时，要有随机应变化险为夷的幽默。

牛吃草

放牛娃牵着牛来到一棵树下，他用3米长的绳子拴住牛脖子，让牛吃草，自己就割牧草去了。

他把割来的牧草放在离树 5 米远的地方又去割,可是,等他再返回来的时候,牛已经把他割好的牧草吃光了。其实,绳子很结实,也没有断,更没有人解开它,你知道牛是怎样吃到那些牧草的吗?

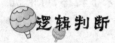

故事开头就有答案了。那里虽然说了绳子的一头拴住了牛脖子,但是并没有说它的另一头拴在树上啊!

虚实不明,少可胜多

1944 年 7 月,前苏联红军经过周密的筹划,准备发起一场战役,要在利沃夫向德军实施重拳打击。但是,当时德军无论在人员还是装备上,都占据压倒性的优势。苏军要去硬打,无疑是以卵击石。唯一的办法就是在另一处造成主攻的假相,吸引敌军的注意力,以分散其兵力。但是因为样的军事行动太过庞大,人们提出了一个又一个方案,都被否定了。眼看进攻的日子越来越近,他们还是束手无策。

一位少校主动前来请战,他胸有成竹地说:"给我 30 个士兵和 30 辆汽车,我有办法调动敌军的部队。指挥官们对他的话还有些怀疑,然而事已至此,也只有让他冒险一试了。

原来,少校是让这 30 个士兵组成两个小分队,每人各自带上手电筒,开着汽车,向预设的假战场方向前进。当德军侦察机出现时,士兵们全部打开手电筒,射向天空。当敌机真的飞临上空以后,他们就关掉电筒,造成躲避敌机的假相。飞机飞过以后,他们又将手电筒全部打开,连续前进。这样反复演出了几个晚上,德军果然上当。德军以为,连续几个晚上,前苏联红军在斯塔尼斯拉夫地区正面,大规模地调动部队,就暴露出主战场的意图,于是,就将一个坦克师和一个步兵师临时调往斯塔尼斯拉夫地区,从而大大分散了他们在利沃夫的兵力。而苏军则在调虎离山之后,打赢了这场利沃夫战役。

逻辑判断

兵者,诡道也。胜利,在虚虚实实、亦正亦反之间。

以火攻火

一群游客正顶着大风在内蒙古多伦大草原上赏景照相。突然,有人看到前方不远处浓烟滚滚。

"不好! 草原着了!"风助火威,大火很快向他们逼近。人们都掉头往回跑,可是风速很大,大火跑得比他们还快,眼看一个个都要跑不动了,火与人的距离越来越近,而前面还是一片茫茫见不到头的草原。

正在万分危急之时,一个老猎人赶来了,他看了一下火势,果断地说:"听我指挥! 立马动手弄掉面前的一片草,清出两丈见方的地方。"大家立刻根据老猎人的指挥,不一会儿就清出了一块不大的空隙。老猎人让人们都站在空隙的一边。

很快,高墙似的大火就向人们围了过来。这时,只见老猎人不慌不着急地把一束烧着的干草扔到迎着大火另一侧的干草丛里,然后走到空隙中间,对大家说:"现在你们可以看看火怎么跟火作战了。"

不寻常的事产生了,老猎人放的火,并没有向人们烧来,反而迎着风,向大火来的方向烧去,这两股火眼看"打起架了"。人们面前的空隙越来越大,几分钟以后,大火绕过这块空隙,向前面奔去了。人们得救了,感谢之余,好奇地围着老猎人问,这是怎么回事?

原来,这是由于在火海的上空,空气因受热变轻快速上升,而周围还没有着火的上空的空气依然较冷,就会朝大火方位流去,以弥补那边还在减的空气,这就形成了一股与风向相反的气流,因此就产生了一场火战。

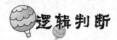

逻辑判断

有时事物会本身会产生与其相反的特性而救你一命。

小偷自己归案

化学家李维斯一辈子研究出不少化学产品,不止使他名声大噪,也使他家财满贯。

在他家中收藏了多幅天下名画和许多宝贵文物,而他毫不吝啬地将这些宝贝一一摆设在宽敞的客厅里,供客人欣赏。

这事也被当地的一个惯偷得知。所以,有一天深夜,他摸到李维斯家中,偷了一幅价值二十多万美元的名画,又抱起桌上的一件古色古香的文物,就要溜出门去。

然而这惯偷还是一个酒鬼,他看见门口的桌上放着一瓶绿色的酒,还散出阵阵扑鼻的酒香。嗜酒如命的小偷立马拧开酒瓶盖,仰起脖子咕嘟咕嘟地喝了几大口,喝完也没有盖瓶盖就跑了。

第二天,李维斯发现自己的宝物被盗后,立马就报了案。警察来到现场后,只是当作平常的入室偷窃来做了个登记,留下一句"等通知"就走人了。李维斯很气愤。突然,他看见门口酒瓶上的盖子是开着的,而且瓶子里也少了半瓶酒。于是,心生一计,他让用人立即写一份声明,在当天的晚报上登出,他肯定那小偷肯定会主动寻上门来的。第二天,那窃贼真的来叩李维斯家的门了。而这时,李维斯早已通知了警方在屋里等着。

原来，李维斯在登报声明中写道："我是化学家李维斯。今儿回家，我看到家中桌子上绿色酒瓶里的液体被人喝了几口。那不是酒，是有毒液体，谁喝了快到我家来拿解药，否则两天内有生命危险。请读者诸君阅后，相互转告，我不盼望因为我的研究而有人丧命。"

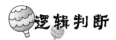

逻辑判断

当遇到棘手的问题时，要巧妙运用对方的心理伴你揭开谜底。

老大谁是

在一次刑侦活动中，警察逮捕了4名嫌犯，他们分别是甲、乙、丙、丁。据情报，黑帮老大就在这4人内里。以下是他们的回答：

不可思议的推断

甲说:"丙是老大。"

乙说:"反正我不是老大。"

丙说:"乙是老大。"

丁说:"甲是老大。"

其实,这4人只有一人说的是实话,其他人说的都是假话。许多警察糊涂了,但是聪明的警长很快便知道老大是谁。他是怎样找到的呢?

逻辑判断

从已知条件可以知道,因为只有一人说真话,要是甲说的是真话,则乙、丁的话也是真的,故排除;若乙说的是真话,则甲、丁的话大概也是真的,故排除;若丙说的是真话,则其他均为假;若丁说的是真话,则乙的话是真的,也要排除。故丙说的是真话,乙是老大。

橡胶在硫磺罐里

一天,化学家固特异在实验室中同往常一样在做试验,不小心将试验用的橡胶掉在地上一个硫磺罐里。固特异赶忙把橡胶取出来,一边埋怨,一边努力打扫粘在橡胶上的硫磺。但硫磺已渗入橡胶内部,很难除去。好不容易做出来的橡胶又弃之惋惜,所以,他就放在到挨着炉火的桌边忙别的去了。

然而,就在固特异再次回到实验室,偶然中摸到放在桌边的橡胶时,他敏感地察觉到橡胶仿佛有了亘古未有的良好弹性。直觉告诉他,这件事具有重大意义,他就大胆实验了一下,用两手把橡胶拉长,橡胶体现出的非常特性让他大吃一惊,无论怎么用两手拉也拉不断,这要比往常一用力拉就断裂的橡胶来说,的确是一个飞跃。

后来,固特异又做了多次试验,终于发明出了具有良好弹性的橡胶来。

 **逻辑判断**

机会偏爱那些有准备的人,看似偶然其实深藏奥秘。

偷　渡

甲、乙两国不断地在边界问题上有所争议。这一次甲国的特务试图偷越边界进入乙国,但由于对方警备森严,未能成功。那特务就想挖掘地道偷越边境。这个方案仿佛行不通,因为挖出的浮土一增长,就肯定会被对方的侦察机发现。那么,先盖一所小房子,把浮土藏在里面行不行呢?仿佛也不行,浮土一多,就必须运到房子里,同样会有洞漏。那到底有没有好的办法呢?

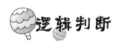 **逻辑判断**

可以边挖边填补自己身后的坑嘛。

朋友相遇

汤米在路上先后遇到4位朋友,他们每个人所吃的食物都不相同。因为那天天很冷,所以每个人穿的都是毛衣。那么根据下面的线索,你能按相遇的先后顺序说出每位朋友的名字,以及他们各自所穿毛衣的颜色,他们正在吃什么食物吗?

逻辑判断

1. 在汤米遇到穿蓝毛衣的凯文之前,他遇到了个在吃棒棒糖的朋友。

2. 汤米遇到的第三位朋友则穿着米色毛衣。

3. 在遇到穿绿毛衣的朋友之后,汤米遇到正在吃香蕉的朋友,这个人不是西蒙。

4. 在遇到吃巧克力派的刘易丝后,汤米碰到了穿红毛衣的一个小伙子,这个人并不是丹尼。

他们的名字是丹尼,凯文,刘易丝,西蒙。

毛衣分别是米色,蓝色,绿色,红色。

快餐是苹果,香蕉,巧克力派,棒棒糖。

提示:请先确定穿红毛衣的年轻人的名字。

 **逻辑判断**

　　由于穿红毛衣的不是丹尼或吃巧克力派的刘易丝(线索4),而凯文的毛衣是蓝色的(线索1),那么穿红毛衣的一定是西蒙。碰到的第一位朋友穿的毛衣不是红色的(线索4),也不是蓝色的(线索1),然而第三位穿着米色毛衣(线索2),由此得出第一位一定穿着绿毛衣。这样根据线索3可知,第二位朋友在吃香蕉,而且我们知道他的毛衣不是米色或绿色的,他也不是穿红毛衣的西蒙(线索3),那么他一定是穿蓝毛衣的凯文。接着根据线索1,穿绿毛衣的第一位朋友在吃棒棒糖,排除凯文、刘易丝和西蒙,那他只能是丹尼。通过排除法,西蒙在吃苹果,刘易丝是汤米碰到的第三位穿米色毛衣的朋友,所以最后碰到的是西蒙。

 水落石出

　　第一位是丹尼,绿色,棒棒糖。

　　第二位是凯文,蓝色,香蕉。

　　第三位是刘易丝,米色,巧克力派。

　　第四位是西蒙,红色,苹果。

不可思议的推断

附录　学会判断，成就推理

1. 机票问题

赤道上有 A、B 两个城市，它们正好位于地球上相对的位置。分别住在这两个城市的甲、乙两位科学家每年都要去南极考察一次，但飞机票实在是太贵了。围绕地球一周需要 1000 美元，绕半周需要 800 美元，绕 1/4 周需要 500 美元。按照常理，他们每年都要分别买一张绕地球 1/4 周的往返机票，一共要 1000 美元。但是他们俩却想出了一条妙计，两人都没花那么多的钱。你猜他们是怎么做的？

2. 成绩表

期末考试后，班主任老师统计了班上 4 个人的成绩。

(1) 有甲、乙、丙 3 个等级的评分。

(2) 有一人 3 科成绩都是甲。

(3) 有一人某科成绩是甲，某科成绩是乙，某科成绩是丙。

(4) 有两人两门相同科目的成绩都是甲。

(5) 语文成绩中没有乙。

(6) 长江和雷雷的语文成绩相同。

(7) 一婷的数学成绩和雷雷的英语成绩相同。

(8) 字华成绩中有一科目是丙。

(9) 长江的英语成绩和字华的数学成绩相同。

请列出四人的成绩表。

3. 年龄的秘密

A、B、C3 人的年龄一直是一个秘密。将 A 的年龄数字的位置对调一下,就是 B 的年龄;C 的年龄的两倍是 A 与 B 两个年龄的差数;而 B 的年龄是 C 的 10 倍。

请问:A、B、C3 人的年龄各是多少?

4. 狡猾的骗子

狡猾的骗子到商店用 100 元面值的钞票买了 9 元的东西,售货员找了他 91 元钱。这时,他又称自己已有零钱,给了售货员 9 元而要回了自己原来的 100 元。那么,他骗了商店多少钱?

5. 正确的按钮

某个名人家的门铃声整天不断,令其苦不堪言。于是,他请一位朋友想办法帮忙。

这位朋友帮名人在大门前设计了一排六个按钮,其中只有一个是通门铃的。来访者只要摁错了一个按钮,哪怕是和正确的同时摁,整个电铃系统将立即停止工作。

在大门的按钮旁边,贴有一张告示,上面写着:"A 在 B 的左边;B 是 C 右边的第三个;C 在 D 的右边;D 紧靠着 E;E 和 A 中间隔一个按钮。请摁上面没有提到的那个按钮。"

这六个按钮中,通门铃的按钮处于什么位置?

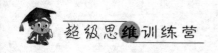

6. 夫妻的年龄

周先生、武先生、郑先生和他们的妻子张女士、陈女士、李女士 3 人的年龄总和为 151 岁。每个丈夫都比妻子大 5 岁。其中：

周先生比陈女士大 1 岁；

张女士与周先生的年龄总和为 48 岁；

郑先生与张女士的年龄总和为 52 岁。

请问：6 人中谁与谁是夫妻，他们各为多少岁？

7. 全能体操分配冠军

夏天，一年一度的体育竞赛在学校展开了，赛场上人山人海，欢呼声震耳欲聋。有兄弟 3 人分别参加了三项体育竞赛，即体操、撑杆跳和马拉松。

已知的情况是：老大没有参加马拉松比赛；老三没有参加体操比赛项目；在体操比赛中获得全能冠军称号的那个孩子，没有撑杆跳；马拉松冠军并非老三。

你猜谁是体操全能冠军？

8. 桶里的水能喝吗

琳达和她的男友一起出国旅游，在一个晴朗的午后他们来到异国的一个小村庄里找水喝。在这个村子里他们遇见一个男孩和一个女孩抬着一桶水，在他们当中有一个是只说实话的，另一个则只说谎话。琳达想知道他们抬的那桶水可不可以喝，就走过去对那个男孩说："今天的天气不错。"

"是的。"男孩回答。

"我们可以喝你们桶里的水吗?"

"可以。"

请问他们桶里的水到底可不可以喝呢?

答案

1. 机票的问题

甲买一张经由南极到 B 市的机票,乙买一张经由南极到 A 市的机票,当他们两人在南极相会时,把机票互换一下,这样他们只花了 800 美元就到了自己的城市。

2. 成绩表科目

姓名	语文	数学	英语
一婷	丙	乙	丙
宇华	丙	甲	乙
长江	甲	甲	甲
雷雷	甲	甲	乙

3. 年龄的秘密

A 是 54 岁,B 是 45 岁,C 是 4 岁半。

4. 狡猾的骗子

狡猾的骗子一共付出了 9 元,得到了 91 元钱和 9 元的货品。所以他骗了商店 82 元 +9 元货品。

5. 正确的按钮

通门铃的按钮是从左边数第五个。如果 F 表示该按钮,则六个按钮自左至右的位置依次是 DECAFB。

5. 夫妻的年龄

郑先生 30 岁,他的妻子陈女士 25 岁;周先生 26 岁,他的妻子李女士 21 岁;武先生 27 岁,他的妻子张女士 22 岁。

6. 全能体操冠军

大儿子是体操全能冠军。

7. 桶里的水能喝吗

正确答案是桶里的水是可以喝的。

这道题在所有辨别真伪的游戏题里面,算是再简单不过的了。

你想想,在一个晴朗的午后说:今天天气不错。对方回答:是的。那就说明对方是那个只说老实话的孩子。他说桶里的水是可以喝的,那就一定是可以喝的。